# 世界很大，我们用行动去丈量

轻歌 著

民主与建设出版社

· 北京 ·

© 民主与建设出版社，2024

**图书在版编目(CIP) 数据**

世界很大，我们用行动去丈量 / 轻歌著. -- 北京：民主与建设出版社，2017.2 （2024.6重印）

ISBN 978-7-5139-1403-1

Ⅰ.①世… Ⅱ.①轻… Ⅲ.①成功心理－通俗读物

Ⅳ.①B848.4-49

中国版本图书馆CIP数据核字（2017）第030181号

**世界很大，我们用行动去丈量**

SHI JIE HEN DA，WO MEN YONG XING DONG QU ZHANG LIANG

| | |
|---|---|
| **著　　者** | 轻　歌 |
| **责任编辑** | 刘树民 |
| **出版发行** | 民主与建设出版社有限责任公司 |
| **电　　话** | （010）59417747　59419778 |
| **社　　址** | 北京市海淀区西三环中路10号望海楼E座7层 |
| **邮　　编** | 100142 |
| **印　　刷** | 三河市同力彩印有限公司 |
| **版　　次** | 2017年10月第1版 |
| **印　　次** | 2024年6月第2次印刷 |
| **开　　本** | 880mm×1230mm　1/32 |
| **印　　张** | 6 |
| **字　　数** | 180千字 |
| **书　　号** | ISBN 978-7-5139-1403-1 |
| **定　　价** | 48.00 元 |

注：如有印、装质量问题，请与出版社联系。

# 目 录
## CONTENTS

**第一辑** CHAPTER 01

## 梦想需要坚持

## 第二辑 CHAPTER 02
## 点燃心中的希望之火

# 目 录
CONTENTS

第三辑 CHAPTER 03
## 每个人都是过客

# 目 录
## CONTENTS

**第四辑** CHAPTER 04

## 天使不死，爱不泯灭

# 第一辑 CHAPTER 01
## 梦想需要坚持

有很多梦是遥不可及的，

但只要坚持，

就可能实现。

# 梦想需要坚持

　　每一个微小的梦想都能点亮一片星空，但每一个梦想都需要长期的坚持。有过泪，有过痛，满腔热血，挥洒汗水，才会点亮梦想。

　　母亲在我小时候说过一个故事：

　　有两个朋友，一个叫阿呆，一个叫阿土，他们一起去旅行。有一天来到海边，看到海中有一个岛屿，他们一起看着那座岛因疲累而睡着了。夜里阿土做了一个梦，梦见对岸的岛上住了一位大富翁，富翁的院子里有一株白茶花，白茶花树根下有一坛黄金，然后阿土就醒了。第二天，阿土把梦告诉阿呆，说完后叹一口气说："可惜只是个梦！"

　　阿呆听了信以为真，说："可不可以把你的梦卖给我？"阿土高兴极了，就把梦的权利卖给阿呆。阿呆买到梦后就往那个岛出发了，阿土卖了梦就回家了。

　　到了岛上，阿呆发现果然住了一个大富翁，富翁的院子里果然种了许多茶花树，他高兴极了，就留下做富翁的佣人，做了一年，只为了等待院子的茶花开。第二年春天，茶花开了，可惜，所有的茶花都是红色，没有一株白茶花。阿呆就在富翁家住了下来，等待一年又一年，许多年过去了，有一年春天，院子里终于开出一棵白茶花。阿呆在白茶花树根掘下去，果然掘出一坛黄金，第二天他辞工回到故乡，成为故乡最富有的人。

　　卖了梦的阿土还是个穷光蛋。

这是一个日本童话，母亲常说："有很多梦是遥不可及的，但只要坚持，就可能实现。"母亲和一般乡村妇女没有两样，不过她鼓励我们要有梦想，并且懂得坚持，光是这一点，使我后来成为作家。

梦想需要坚持，否则，梦想只会变成空想，变成一个梦。梦想自然美好，但困难重重，追梦的路上布满荆棘，或有沙漠，有汪洋，阻挡着前进的步伐，若没有坚持不懈的精神，又怎么到达圆梦的彼岸？

# 一诺千金

　　"一诺千金"出自《史记·季布栾布列传》："得黄金百斤，不如得季布一诺。"形容说话算数，非常讲信用，言而有信，言出必行，说到做到。

　　他出生在香港一个贫困家庭，很小就被家人送到戏班。那时，演戏是下九流的行当，只有走投无路的穷苦人家，才有此举。

　　按照旧时梨园行的规矩，父亲同戏班签了生死状，在约定期限内，他的生杀大权都在师傅手中。戏班里的管教异常严厉，本该在父母膝下承欢的年纪，他却在师傅的鞭子与辱骂下练功，吃尽苦头。时间不长，他就偷偷跑回了家，父亲勃然大怒，坚决叫他回去："做人应当信守承诺，已经签了合同，绝不能半途而废。咱人虽穷，志不能短！"他只好重新回到戏班，刻苦练功，这一练就是十几年。

　　终于学有所成，戏曲行业一落千丈，他空有一身本事，却毫无用武之地。当时香港电影业正在迅速发展，但是男影星都是貌比潘安，威武雄壮。个子不高、大鼻子小眼睛的他，怎么在电影界混呢？

　　经人介绍，他进了香港邵氏片场，做了一个"臭武行"——跑龙套。他扮演的第一个角色，居然是一具"死尸"。苦点累点不算什么，更要命的是，跑龙套的没有尊严，时常遭人百般刁难，冷嘲热讽。在那样的环境里，他没有怨天尤人，依然刻苦勤奋。由于学得一身好功夫，为人厚道，几年下来，他逐渐担当主角，小有名气，每月能拿到3000元薪水。

有一天，行业内的何先生约他出去，请他出演一个新剧本的男主角，"除了应得的报酬，由此产生的10万元违约金，我们也替你支付。"何先生说完强行塞给他一张支票，匆匆离去。

他仔细一看，支票上竟然签着100万元，好大一笔巨款！他从小受尽苦难，尝遍艰辛，不就是盼望能有今天吗？可转念一想，如果自己毁约，手头正拍到一半的电影就要流产，公司必将遭受重大损失。于情于理，他都不忍弃之而去。

一宿难眠，次日清晨，他找到何先生，送还了支票。何先生很是意外，他则淡淡地说："我也非常爱钱，但是不能因为100万元就失信于人，大丈夫当一诺千金。"

何先生非常欣赏这位年轻人，他的事情也很快传开了。公司得知非常感动，主动买下了何先生的新剧本，交给他自导自演。就这样，他凭借电影《笑拳怪招》，创造了当年票房纪录，大获成功。

那年他才22岁，全香港都认识了他——成龙。

从影30多年以来，成龙一直都很拼命，重伤29次，却从未趴下，拍了80多部电影，在全世界拥有2.9亿铁杆影迷，还是唯一把手印、鼻印留在好莱坞星光大道上的中国演员。

有一次，成龙受邀去国外参加一个颁奖典礼，好莱坞大牌影星云集。他有些底气不足，谦逊规矩地站在一旁。出乎意料，那些大牌竟然主动排好队，一一上来同他握手。他这才恍然大悟："哦，原来我也是大明星。"

在一次电视访谈中，成龙回忆起这些往事，感慨万千，深情地说道："坦率地讲，我现在得到了很多东西。但是，如果当初我背信弃义，从戏班逃走，没有这身过硬的武功，或者为了得到那100万元一走了之，我的人生肯定要改写。我只想以亲身经历告诉现在的年轻人，金钱能买到的东西总有不值钱的时候，做人就应当诚实守信，一诺千金。"

做事先做人，最珍贵莫过一诺千金。

诚信是中华民族的传统美德，自古以来，诚信就是为人的根本。人无信而不立，我们和人交往，就是建立在诚信的基础上的。一个讲诚信的人，别人就会相信他、帮助他；一个没有诚信人，别人就会疏远他，甚至厌恶他。

# 不要轻易打退堂鼓

追寻梦想的时候，我们经常会遇到困难，那么我们不要让自己心神不宁，也不要因为担心未来和自己的承受能力就轻易打退堂鼓。不要提前去想象痛苦，坚持追寻梦想的脚步，等待大家的必将是光明的前途。

这些年来，每一年我都要求自己，做一件新鲜事。原因无他，我不喜欢生命如停滞的死水渐渐腐臭的感觉，也不希望哪天"老狗学不了新把戏"这句名言不知不觉落在我身上。

我也还记得少年时代做读书笔记时，我曾抄录过一句很毒却也一针见血的话："很多人过了二十岁就死了，只剩下躯壳还活着。"我不想加入"很多人"当行尸走肉。

有好些年，写作是我的唯一，我把自己写成苍白虚弱、腰疼背痛、未老先衰，还写歪了颈椎，饱受天雨欲来时全身都当警报器之苦。有一天痛得受不了，我忽然悟到，如果我只重写作，轻忽真正的生活，那么，我不过像一个在服食迷幻药以脱离真实生活的家伙，我所拥有的人生不过是一株枝叶繁茂的假树。

于是我一边做康复治疗，一边为自己找新把戏以脱离失去了平衡的生活。1996年，我莫名其妙地主持起电视节目；1997年，我成为广播主持人；1999年，我开始学陶艺；千禧年，我发现海底世界的美丽；2001年，我给自己的新成绩单中，第一项，应该就是演舞台剧了。

这可从不在我的少年梦想之内。我从来没有表演的欲望或天才。三年前，我上过绿光剧团的表演班，只不过想去玩玩，看看能不能去除我在电视荧幕前的羞涩感。天知道，我其实是个内向的人，我习于独处，却要花许多时间，才能在大众面前去除我的不自在。

上完三个月一期的表演班，发现自己也还可以跟原本陌生的一大群人彼此混得很开心，也学会怎么样用丹田之气说话才不致嗓子哑掉，是我最大的收获。没想到过了三年，我的表演班老师刘长灏当了剧团经理，忽然打了电话给我："喂，吴念真导演要为我们导新剧，来演一个角色好吗？"

只要听起来很好玩就轻易答应别人，是我至今未改的毛病。我当下说："好啊，一句话，没问题，我们再聊。"

第一次参加排戏时，离演出不到两个月，我才知道自己的角色是演"中学美少女"的黄韵玲的妈，而且还是一个精神不太正常的欧巴桑。这这这，简直是太为难我的挑战！

然而一开始就退出实在有失面子，那就排戏排排看，如果觉得无法胜任，再找个理由推掉吧。我这么盘算。

果然，一开始排戏我就踢到无形的大铁板。心里头那只叫作"闭塞内向"的虫子又钻出来肆虐了。眼看着演路人甲和路人乙的年轻团员，都十分放得开，排什么就像什么，我怎样都像木头人，简直受不了自己的拙与笨。

和他们对戏时，我慢半拍。演"武打戏"时，我打得不痛不痒，其中有一幕戏，我得像个疯婆子一样打女儿，又被众人拉住。不管排了几次，费了多少力气，旁观者看来一点也没有逼真感，导演后来忍无可忍，又不敢对我发火，只好对团员训话："你们不要因为她是吴淡如，就不敢大力拉她。"

剧团里头的老鸟也忍不住了，挺身而出拿着保特瓶敲自己的头，使苦肉计对我说："看，用力打下去没关系，会痛不会死。"

不是我不敬业，而是我……我从没打过人，生怕假戏真做，把自己打伤。不管我如何对自己"心战喊话"，就是豁不出去。排戏期间，如果有朋友看到我在唉声叹气，必然是等一会儿得去排戏。

　　眼看黄韵玲和演乡土人物的李永丰演技都很出色，排戏时也能让旁观者爆笑连连，戏一走到我开始说话就冷了，别人心急，我更急。

　　挣扎了好久，我沮丧地安慰自己："我真的不是演戏的料，我只能做自己。反正我以后又不打算做这一行，还是趁早退出，以绝后患。"我鼓起勇气找到剧团经理，表明退出的意愿。他能吃到一百多公斤不是没道理的，因为体胖，所以心广，一点也不怕我砸他的招牌，拍拍我的肩膀说："传单都发出去了，你不演，很奇怪的，放心啦，船到桥头自然直。"

　　我没那么乐观，每晚做噩梦，生怕自己是一粒老鼠屎，搞坏人家一锅好粥。

　　每一次在挣扎取舍的时刻，我的心里就会浮出另一种顽固的声音。这一回，它又悠悠然出现了。有一次被"演出失败、观众砸鸡蛋"的噩梦吓醒，半夜忽然从床上跳起来，那个声音竟在惊魂甫定后告诉我："你可以因为表现不好而失败，但不能因为孬种而失败。你得真正试过，才知道自己行不行。"

　　演出的日期愈来愈逼近，死马只得当活马医。我和自己约好，就算现实生活中，我理智到怎么疯也疯不了，一上台，我必须忘记自己，让疯字像乩童附在我身上才行。

　　我甚至利用职务之便，动不动就找人请教：疯子要怎么演啊？许杰辉、赵自强、郎祖筠都曾在我面前示范过"疯子看电视"和"疯子打人"的剧段。

　　我连走路都在背台词，口中时时念念有词。

　　直到最后一次排练，我都不认为自己的演出及格了，只好继续向自己心战喊话："上了台，跟排练时一定不一样，你……应该会更自然。""过了这个挑战，你一定会觉得自己又跨过了一个大门槛。"

心战喊话是潜意识的催眠。这也是学来的。记得我在广播节目中也曾访问世界排名第一的撞球王赵丰邦，他说，在每一次击打"不太可能打进"的球时，总会对自己说："因为你是赵丰邦，所以你打得进这个球。"说也奇怪，只要他能镇定地对自己说这句话，十之八九，球就会乖乖入袋。

考验总是要来临。虽然我已熟悉大场面的主持工作，但当舞台演员是头一遭，开演前，我强颜欢笑，以掩饰自己心跳加速到呼吸困难的事实。

戏一开始，连紧张的时间都没有。我只记得，我是个外表看来很正常的疯欧巴桑，说我该说的话，做我该做的事。

《人间条件》的第一场演出，我的处女秀。我听见了观众热烈的笑声与掌声，知道场子没有被我炒成冷饭。五场在国家戏剧院的演出，比我想象中更轻易地结束了。

熟能生巧，我试图在每一场演出中加料，在戏一开锣时，它仿佛变成我自己的真实生活，我唯一的任务就是使它生动且深刻。

舞台剧最大的好处是：观众的反应绝不虚伪，他们觉得戏好不好，台上的演员马上就会知道。我知道，我没有搞砸它，相反的，我竟然也觉得我自己演的疯婆可爱极了。

最后几场的演出，观众全部满座。在庆功宴时，剧团经理才告诉我实话："其实导演最担心的人是你，没想到你一场比一场老到，还会适时地掌控舞台的节奏。"

我也先后遇到一些看过戏的朋友对我说："天哪！我看到最后谢幕时，才知道那个人是你，差太多了。"

我爸爸也看了戏，最好笑的是他在开演后半个小时，问我妈："她怎么还没出来？"才知道台上的疯欧巴桑就是我。这至少表示，我不是个演什么都像自己的烂演员。

"我根本不知道你会演戏。"这是演出后我最常听到的，也是我所听过最自然的赞美了。我一方面乐得飘飘然，一方面也坦白回答："其实，我也不知道我会演戏。"

后来有一位记者来访问我，她揶揄我说："为什么你总是有这么多机会，可以表现自己，我们想做的事，都被你做光了。你该不会这下又立志当职业演员吧。""不会啦，我只是想玩玩，我也不认为，除了写作之外，我有其他的天分，但是——"我的脑中灵光闪动："应该这么说吧，有时候，梦想是会生利息的：我努力实现我的作家梦，它自动生了很多利息给我……"

没错，梦想是会生利息的，只要感兴趣，不要轻易打退堂鼓。

那个声音是对的：你可以因为表现不好而失败，但不能因为孬种而失败——你总得真正试过，才知道自己行不行。


当你遭遇挫折之时，一句放弃，会使你输在人生的道路上，使你失去奋斗的激情，让你永远也到不了幸福的彼岸。遭遇挫折时，如果选择的是永不放弃，在接下来的生命中用行动去证明我还在努力，那么，我们终将收获美好的明天。

# 每天都冒一点险

衰老很重要的标志，就是求稳怕变。所以，你想保持年轻吗？你希望自己有活力吗？你期待着清晨能在新生活的憧憬中醒来吗？有一个好办法——每天都冒一点险。

有一句话很吸引我——每天都冒一点险。

"险"有灾难狠毒之意。如果把它比成一种处境一种状态，你说是现代人碰到它的时候多呢，还是古代甚至原始时代碰到的多呢？粗粗一想，好像是古代多吧。茹毛饮血刀耕火种时，危机四伏。细一想，不一定。那时的险多属自然灾害，虽然凶残，但比较单纯。现代社会中，天然险这种东西，也跟热带雨林似的，快速减少，人工险增多，险种也丰富多了。以前可能被老虎毒蛇害掉，如今是被坠机、车祸、失业、污染所伤。以前是躲避危险，现代人多了越是艰险越向前的嗜好。住在城市里，反倒因为无险可冒而焦虑不安。一些商家，就制出"险"来售卖，明码标价。比如"蹦极"这事，实在挺惊险的，要花不少钱，算高消费了，且不是人人享用得了的，像我等体重超标，一旦那绳索不够结实，就不是冒一点险，而是从此再也用不着冒险了。

穷人的险多还是富人的险多？粗一想，肯定是穷人的险多，爬高摸低烟熏火燎的，恶劣的工作多是穷人在操作。但富人钱多了，去买险来冒，比如投资或是赌博，输了跳楼饮弹，也扩大了风险的范畴。就不好说谁的险更多一些了。看来，险可以分大小，却是不宜分穷富的。

险是不是可以分好坏呢？什么是好的冒险呢？带来客观的利益吗？对人类的发展有潜在的好处吗？坏的冒险又是什么呢？损人利己夺命天涯？嗨！说远了。我等凡人，还是回归到普通的日常小险上来吧。

每天都冒一点险，让人不由自主地兴奋和跃跃欲试，有一种新鲜的挑战性。我给自己立下的冒险范畴是：以前没干过的事，试一试。当然了，以不犯错为前提。以前没吃过的东西尝一尝，条件是不能太贵，且非国家保护动物。（有点自作多情，不出大价钱，吃到的定是平常物）

有蠢蠢欲动之感。可惜因眼下在北师大读书，冒险的半径范围较有限。清晨等车时，悲哀地想到，"险"像金戒指，招摇而靡费。比如到西藏，可算是大众认可的冒险之举，走一趟，费用可观。又一想，早年我去那儿，一文没花，还给每月6元的津贴，因是女兵，还外加7角5分钱的卫生费。真是占了大便宜。

车来了。在车门下挤得东倒西歪之时，突然想起另一路公共汽车，也可转乘到校，只是我从来不曾试过这种走法，今天就冒一次险吧。于是扭身退出，放弃这路车，换了一趟新路线。七绕八拐，挤得更甚，费时更多，气喘吁吁地在差一分钟就迟到的当儿，撞进了教室。

改变让我有了口渴般的紧迫感。一路连颠带跑的，心跳增速，碰了人不停地说对不起，嘴巴也多张合了若干次。

今天的冒险任务算是完成了。变换上学的路线，是一种物美价廉的冒险方式，但我决定仅用这一次，原因是无趣。

第二天，冒险生涯的尝试是在饭桌上。平常三五同学合伙吃午饭，AA制，各点一菜，盘子们汇聚一堂，其乐融融。我通常点鱼香肉丝辣子鸡丁类，被同学们讥为"全中国的乡镇干部都是这种吃法"。这天凭着巧舌如簧的菜单，要了一客"柳芽迎春"，端上来一看，是柳树叶炒鸡蛋。叶脉宽得如同观音净瓶里洒水的树枝，还叫柳芽，真够谦虚了。好在碟中绿黄杂糅，略带苦气，味道尚好。

第三天，冒险颇费思索。最后决定穿一件宝石蓝色的连衣裙去上课。要说这算什么冒险啊，也不是樱桃红或是帝王黄色，蓝色老少咸宜，有什么穿不出去的？怕的是这连衣裙有一条黑色的领带，好似起锚的水兵。衣服是朋友所送，始终不敢穿的症结正因领带。它是活扣，可以解下。为了实践冒险计划，铆足了勇气，我打着领带去远航。浑身的不自在啊，好像满街筒子的人都在议论。仿佛在说：这位大妈是不是有毛病啊，把礼仪小姐的职业装穿出来了？极想躲进路边公厕，一把揪下领带，然后气定神闲地走出来。为了自己的冒险计划，咬着牙坚持了下来，走进教室的时候，同学友好地喝彩，老师说，哦，毕淑敏，这是我自认识你以来，你穿的最美丽的一件衣裳。

三天过后，检点冒险生涯，感觉自己的胆子比以往炸了点。有很多的束缚，不在他人手里，而在自己心中。别人看来微不足道的一件事，在本人，也许已构成了茧鞘般的裹胁。突破是一个过程，首先经历心智的拘禁，继之是行动的惶惑，最后是成功的喜悦。

每天冒险一点点，让人情不自禁地兴奋和蠢蠢欲动，仿佛有一种新的挑战。其实，有很多的束缚，不在别人手里，而在自己心中。所以，每天冒险一点点，心情开朗一大片，当然，冒险范畴得以不违法为前提！

# 我的人生不能亏本

舍得舍得，有舍就有得。换言之，有得就必定有舍。当你得到学业之时，就会失去很多享受的时光；当你享受了生活的乐趣，可能又会失去工作的成效。不管如何，舍和得都是自己的选择，只要自己无悔就好。

遇到一个刚拿到麻省理工学院的博士学位的年轻人。

"真不简单，"我赞美他，"拿到MIT的博士，你可以好好施展抱负了。"

"对，我是得赶快加油，要不然就亏大了。"

"亏大了？"我不太懂他的话。

"是啊！"他笑笑，"你算算，我今年28岁，前面从出生、学坐、学爬、学走路，学说话、小学、中学、大学，到今天拿到学位，我用了28年啊，我也消耗了我父母和社会的资源28年啊！可是算算下面还有多少年？像我们这种搞尖端科技的，如果不努力，只怕能工作的时间还不到28年，等我56岁，早落伍了。"

可不是吗？我算算，原来求学的报酬是相当有限的。拿这位博士来算，他学1年只相当于以后用1年，学1小时，也只有用1小时的报酬率，怪不得他说"我得赶快起跑，毕业的那一刻，就是我起跑的那一刻，在今后的28年，我要好好利用过去的28年才能扯平，我的人生也才能不亏本哪！"

贫穷时渴望财富，孤寂时渴望爱情，年老时渴望青春年少，死亡前又留恋生命。痛苦伴随欢乐，健康与疾病并行。如同有朝阳的升起，就有夕阳的落下；有天上的月圆，人间就注定有月半。聚散离合，忧患得失，全是一念之间。

# 正确的时间和正确的地点

有些人在工作上游刃有余，能够安排自己和其他人迅速适应工作量上的任何重大变革，并重新确定工作的优先次序。这就是第一流的人做第一流的事，在正确的时间做正确的事情。

[第一流的人做第一流的事]

第一流的人没有时间可以像凡夫俗子一样浪费，他要以并不长的生命，完成许多一流的事。他不能过凡夫俗子的生活，不能在人生的许多事情上做凡夫俗子的反应，他必须放弃或减少凡夫俗子的快乐、郊游、娱乐、爱恨、争执、答辩和澄清。他必须忍住不为小事所缠，他有很快分辨出什么是无关的事的能力，然后立刻去掉它，如果一个人努力想把所有事都做好，他就不会把最重要的事做好。

班尼斯说过："纯管理人也许能把事情做对，但是真正的领导人重视的是做正确的事情。"现代人的一大问题是开始太随意，注意力分散，分不清轻重缓急，也不善于区分大小。如果碰巧能力较强，即便错误的事情也能做得很好，不利的局面也多能扭转，但会无谓地耗费很多的时间和感情。

"最聪明的人是那些对无足轻重的事情无动于衷的人。但他们对那些较重要的事务却总是做不到无动于衷。那些太专注于小事的人常会变得对大事无能。"抓住大事，小事自会照顾好自己。一流人物大都具备无视"小"(人物、是非)能力，在你往前奔时，你不可以对路边的蚂蚁、水边的青蛙太在意的——当然有毒蛇拦路是不行的。"如果要先搬掉所有的障碍才行动，那就什么也做不成。"

许多人整天忙着处理琐碎的事情，总是抱怨挪不出时间做正经事。其实他们的潜意识在逃避做正经事。因为做大事是需要想象力、判断力、勇气和自信的。

## ［和低手较量越多自己越臭］

有一次，一只鼬鼠向狮子挑战，要同它决一雌雄。狮子果断地拒绝了。"怎么，"鼬鼠说，"你害怕吗？""非常害怕，"狮子说，"如果答应你，你就可以得到曾与狮子比武的殊荣，而我呢，以后所有的动物都会耻笑我竟和鼬鼠打架。"

"狮子与老鼠比赛的麻烦在于，即使赢了，你也会为人不齿。"对于低层次的交往和较量，大人物是不屑一顾的。在斗争中尤其如此。你如果与一个不是同一重量级的人争执不休，就会浪费自己的很多资源，并降低人们对你的期望。并无意中提升了对方的层面。

同样的，一个人对琐事的兴趣越大，对大事的兴趣就会越小，而非做不可的事越少，越少遭遇到真正问题，人们就越关心琐事，这就如同下棋一样，和不如自己的人下棋会很轻松，你也很容易获胜，但永远长不了棋艺，而且这样的棋下多了，棋艺会越来越差，所以好棋手宁可少下棋，也尽量不和不如自己的人较量。威廉·詹姆斯说过："明智的艺术就是清醒地知道该忽略什么的艺术。"不要被不重要的人和事过多打搅，因为"成功的秘诀就是抓住目标不放"。

## [懒人推动了历史]

成功人士和那些具有领袖气质的人，往往都倾向于做自己喜欢和认为重要的事，而其他事，能不做就不做，能推迟就推迟，实在非做不可的话，也要想个最简便的做法。而事实上，人类的许多发明创造都源自这种懒人的想法。所以有人戏言，是懒人推动了历史发展，懒人更适合当领导。因为领导的本质是做正确的事，而不是正确地做事。工作过于努力的人没时间去赚大钱。许多人都抱怨："我工作太辛苦，简直没有时间去读书和思考。"这句话的意思是满足生计的需求已占据了一切，以至于你没时间去考虑未来的机会。懒人往往比勤快人更适合做领导，因为他有时间思考，有时间补养。在蚁国中，蚁王往往是最懒的。

骑脚踏车的人走不远。假如你过于忙碌地工作而没有时间去思考你做的事，你将无法充分利用你的成就。降低工作量后，你才有空做广泛而非狭隘的研究。假如你过于专注于自己小小的领域，就不会知道其他领域也许对你目前从事的事有极大影响的信息和思想。除非有时间广泛涉猎、学习他人所做的事，否则创新不可能发生。全新的发明极少发生，创新几乎总只是将两种以上已知的观念以新奇的方式组合在一起；信息单薄，思想简单的人，难以成为创造型和领导型的人物。

有时降低工作量并非出于自愿，而是环境所能提供的机会有限使然。正如年轻的丘吉尔在印度时的情形：派驻在印度的丘吉尔便利用了当时的空闲时间重新阅读在大学时所忽略的书籍。这段经历使他受益终身。

## [注意力是一种资源]

温瑞安说过："真正高手会把精、气、神集中于一击。"而在生活中，集中精力更是一种明智。因为在一定时期内，一个人的资源和能量是有限的，你无法同时做好数件同等重要，难度又都很大的事情。而琐事也同样会占据你的空间，消磨你的意志。世界的开放性和信息的倍增，给集体选择和个人的发展提供了机会，但也带来了大量的精神涣散和疲劳。选择像一条河流，它变得越宽，就有越多的人淹死在里面。人们需要越来越强的游泳技巧，更需要游向正确的方向，因为你不可能就这么游下去。

不值得做的事，会让你误以为自己完成了某些事情。你消耗了大量时间与精力，得到的可能仅仅是一丝自我安慰和虚幻的满足感。当梦醒后，你会发现该做的事一件都没有做，而自己却已疲惫不堪。

而不值得做的事还会改变自己的生命。"一项活动的单纯规律性会逐渐演变为必然性"。一段时间之后，人们会说："我们不应该让它消失，我们已经做这么久了。"这就像有的人明明不喜欢自己的恋人，却还是要在一起，因为在一起很久了，习惯使人不愿再做别的选择。但最终，一个人要为自己做了不值得做的事付出代价，这件事情越大，代价就越大。

## ［知难而退胜过知难而进］

知难而退有时比知难而进更重要，更富有智慧。"如果一开始没成功，再试一次，仍不成功就该放弃，愚蠢的坚持毫无益处。"在正确的时机退幕，是一切精彩演出的高潮。同样的，没有几本书值得全部读完。你花了钱买一本书或杂志，并不代表你必须读完它以免浪费金钱，你的时间是无法回收的资源，你花的钱则不是。有人说："你所要做的就是在一分钟内知道一本5万字的书并不符合你的期望，然后决定不读。"速读的能力不仅体现在读书上，更体现在人际交往中。

结束一件事或一份感情，有时比开始要难。我能理解日久生情和恋恋不舍，但我不理解的是：为什么明知道错了，还不去改。不是你的，为什么还不放弃？知错就改是一个人有力量、有决心的标志，更是一个人有希望、有成就的根本。其实生活很简单：东西丢了，找一下，实在找不到，就忘了它，去找下一个。摔倒了，爬起来，拍拍灰尘，继续赶路。不能尽快地结束，就不能尽快地开始，不能很好地结束；就不能很好地开始。"后悔是一种耗费精神的情绪"。后悔是比损失更大的损失，比错误更大的错误。心还在梦就在，你就可以从头再来。从头再来是一种人生的豪迈。

## ［正确的时间和正确的地点］

看足球比赛，我们会发现，最优秀的射手就是最善于捕捉战机的人，他们总能在正确的时间出现在正确的地点上。其实，一切"顶尖高手"和成功人士都是很擅长把握时机、选择环境的。有人曾总结出一个"一二三定律"，即恋爱不要超过一年、学英语不要超过两年，在一个工作岗位不要超过三年。这似乎是句戏言，但却可以给人一些启发。人只有在不断的变化中才能最大限度地发掘潜能、提升自我，而较久的停滞往往会使人心理趋向麻木、心态趋于变老，导致思维定型和过于专业化，同时在一个环境居留过久也会因恩怨过多而不利自身的发展。所以我们常常看到，那些不断流动的干部往往升迁最快，那些南来北往的人往往易发大财，那些"农村包围城市"的人往往会摇身一变而成名人。任何一个人都没有理由忽视这样一个事实：这是讲求速度、讲求效率的流动性极强的时代，一切事物都是在流动中得到发展从而超越自我的。对于一个渴望成功的人来说，有时就必须离开熟悉的环境，离开熟悉的领域到更远、更有利于自己发展的地方去开拓，去进取。须知，一个坐着不动的人，是不可能在正确的时间出现在正确的地点的。

　　很多人每天忙忙碌碌，但成效堪忧。这是因为他们没有掌握好正确的处事方式，其实，我们可以先把自己要做的每一件事情都写下来，不要轻信自己可以用脑子把每件事情都记住，而当你看到自己长长的清单时，也会产生紧迫感。这样，你首先能明确自己手头上的任务，从而取得良好的成果。

# 150万英镑的大奖

一个原本籍籍无名的法国农民，无意中赢了150万英镑，原本指望着从此能过上大富豪的生活。没想到3年之后，"终点又回到起点"，他又成了个老实巴交一贫如洗的法国农民。

2002年8月1日，《泰晤士报》有则报道说：法国中部的一个叫圣麦格勒的村里，住着一个叫布莱卡德的农民。一天，他去附近转悠时顺道买了张彩票，没想到竟中了150万英镑的大奖，这让本来清苦的布莱卡德有了做个大富翁的美梦。

他一下就想到了饲养"费尔南德斯牛"。养这种牛在他父亲那时就是谋生手段，况且它已濒临灭绝，全法国也只有780头了。于是他在附近购买了一个86英亩的农场，又购进了119头"费尔南德斯牛"。

本分善良的布莱卡德并没有忘记贫苦的父老乡亲，常常成百上千地往外施舍，有的名义上是借贷，其实他从来也没有去讨要。可令人不解的是，他的这些慈善并没有给他带来好的名声。不仅没有人打算还，而且每当他出现在村头，原本那些共患难的乡亲都要说三道四，甚至打开窗子直勾勾地盯着他，那架势像要把他吞进肚里。

他想，企业主要得提高科技含量，还有敬业，走自己的路让人去嫉妒吧。他请来了科技顾问并开始刻苦钻研专业知识。果然，牛儿膘身看好，头数猛增。但那时的农场靠他一家人已忙不过来，他以当地通行价码请村上人帮忙，但没有人愿意，即使请来了也不肯尽力。牛多了，吃的草也多了，他以传统价买草也买不到手，只好以每吨90英镑买高价草。人手不足牛群懒散，草料不足牛瘦致死。

他觉得单靠科技和敬业还远不够，还必须提高管理水平，于是，建立起了劳动制度、督察制度和分级核算。可是，情况并未好转，本来还算要好的乡亲联合起来，三番五次地向政府请愿，状告他的牛隔三岔五"胜利大逃亡"，糟蹋庄稼又阻塞交通。他们看到牛在大量死亡不仅不给予同情，反指控他虐待动物。于是政府警告他，要么自己动手迅速"减员"，要么我们动手全部没收。

一周后，法国宪兵队查封了布莱卡德的农场，实行强制转移，并勒令他支付牛群的全部运费和途中"伙食费"。这下布莱卡德穷得一文不名，还多出一肚子窝囊气，变卖农场和牛群已是他的唯一选择。就这样，布莱卡德梦一样地成了富翁，转了一个圈子又把富翁还给了梦。

任何路都不是只供一个人去走的，你旁若无人走自己的路，不是撞倒别人，就是被别人撞倒。

人们之所以达不到自己孜孜以求的目标，是因为他们总想一蹴而就，而忽略了其中的环节以及将会受到影响的因素。等到发现问题的时候，已经太晚了，梦想已经成了黄粱一梦了。

# 保留自己的梦想

你是否早已忘记了曾经深藏在内心的梦想和愿望？那么，从现在开始，将自己的愿望写在纸上，列出曾经想要实现的目标并为之付出努力吧！当你全力以赴地去努力，成功之门也就会随时向你敞开！

美国某个小学的作文课上，老师给小朋友的作文题目是："我的志愿"。

一位小朋友非常喜欢这个题目，在他的簿子上，飞快地写下他的梦想。他希望将来自己能拥有一座占地十余公顷的庄园，在壮阔的土地上植满如茵的绿草。庄园中有无数的小木屋，烤肉区，及一座休闲旅馆。除了自己住在那儿外，还可以和前来参观的游客分享自己的庄园，有住处供他们歇息。

写好的作文经老师过目，这位小朋友的簿子上被划了一个大大的红"×"，发回到他手上，老师要求他重写。

小朋友仔细看了看自己所写的内容，并无错误，便拿着作文簿去请教老师。

老师告诉他："我要你们写下自己的志愿，而不是这些如梦呓般的空想，我要实际的志愿，而不是虚无的幻想，你知道吗？"

小朋友据理力争："可是，老师，这真的是我的梦想啊！"

老师也坚持："不，那不可能实现，那只是一堆空想，我要你重写。"

小朋友不肯妥协："我很清楚，这才是我真正想要的，我不愿意改掉我梦想的内容。"

老师摇头："如果你不重写，我就不让你及格了，你要想清楚。"

小朋友也跟着摇头，不愿重写，而那篇作文也就得到了大大的一个"E"。

事隔三十年之后，这位老师带着一群小学生到一处风景优美的度假胜地旅行。在尽情享受无边的绿草、舒适的住宿，及香味四溢的烤肉之余，他望见一名中年人向他走来，并自称曾是他的学生。

这位中年人告诉他的老师，他正是当年那个作文不及格的小学生，如今，他拥有这片广阔的度假庄园，真的实现了儿时的梦想。

老师望着这位庄园的主人，想到自己三十余年来，不敢梦想的教师生涯，不禁喟叹：

"三十年来为了我自己，不知道用成绩改掉了多少学生的梦想。而你，是唯一保留自己的梦想，没有被我改掉的。"

每个人都有梦想，它们有的遥不可及，有的不值一提。时光荏苒，在匆忙中，似乎每个人都无暇分身，只想完成现在的生活，谁还记得梦想的钟声在远处从未停歇呢？可是那我们不想低头，那最初的梦想在指引我们前进。

# 最美的桥梁

　　人与人之间有一座隐形的桥，这桥上铺满了人类的各种情感。人与人之间有时候需要用语言来沟通，有时候任何语言都多余，只靠一种心灵的感应去相互理解，这便是人与人之间的心灵之桥。

　　美国黑人杰西克库思是当时美国一家名不见经传的小报记者。因为种族歧视，在那家报社中他感到四面楚歌，受人排挤。与人交往更成了他最头疼的事情。

　　那时，美国的石油大王哈默已蜚声世界，报社总编希望几位记者能采访到哈默，以提高报纸的声誉与卖点。杰西克便在心底暗暗发誓，一定要独立完成稿子，以便让他们不敢轻视自己。

　　有一天深夜，杰西克终于在一家大酒店门口拦住哈默，并诚恳地希望哈默能回答他的几个简短问题。对杰西克的软磨硬缠，哈默没有动怒，只是和颜悦色地说："改天吧，我有要事在身。"

　　最后迫于无奈，哈默同意只回答他一个问题。杰西克想了想，问了他一个最敏感的话题："为什么前一阵子阁下对东欧国家的石油输出量减少了，而你最大的对手的石油输出量却略有增加？这似乎与阁下现在的石油大王身份不符。"

　　哈默依旧不愠不火，平静地回答道："关照别人就是关照自己。而那些想在竞争中出人头地的人如果知道，关照别人需要的只是一点点的理解与大度，却能赢来意想不到的收获，那他一定会后悔不迭。关照，是一种最有力量的方式，也是一条最好的路。"

哈默离去后，杰西克怅然若失地呆站街头。他以为哈默只是故弄玄虚，敷衍自己。当然那次采访也没有收到预想的效果，他一直耿耿于怀，对哈默的那番不着边际的话更是迷惑不解。

直到10年后，他在有关哈默的报道中读到这样一段故事——在哈默成为石油大王之前，他曾一度是个不幸的逃难者。有一年冬天，年轻的哈默随一群同伴流亡到美国南加州一个名叫沃尔逊的小镇上，在那里，他认识了善良的镇长杰克逊。

可以说杰克逊对哈默的成功起了不可估量的作用。

那天，冬雨霏霏，镇长门前的花圃旁的小路便成了一片泥淖。于是行人就从花圃里穿过，弄得花圃里一片狼藉。哈默也替镇长痛惜，便不顾寒雨染身，一个人站在雨中看护花圃，让行人从泥淖中穿行。这时出去半天的镇长笑意盈盈地挑着一扫炉渣铺在泥淖里。

结果，再也没人从花圃里穿过了。最后镇长意味深长地对哈默说："你看，关照别人就是关照自己，有什么不好？"

从这个故事中，杰西克也终于领悟到，每个人的心都是一个花圃，每个人的人生之旅就好比花圃前的小路。而生活的天空不尽是风和日丽，也有风霜雪雨。那些在雨路中前行的人们如果能有一条可以顺利通过的路，谁还愿意去践踏美丽的花圃，伤害善良的心灵呢？

从那以后，杰西克与报社其他同事坦诚相处。他知道，理解和大度最容易缩短两颗敌视的心之间的距离，而关照就是两颗心之间最美的桥梁。

同事们不再排挤他了，亲切地喊他"黑蛋"。直到多年后，他卸下报社主编的重担，一人隐居乡间安享晚年的时候，围着他蹦蹦跳跳的不同肤色的孩子们也喊着他"黑蛋",因为,他的邻居们真的已记不得他叫什么名字了。

　　人们的心灵好像河的两岸,中间隔着浩浩荡荡的河水,而河的两岸则平行无限延伸,永不相交,永不重合。如果人与人之间没有理解,就像河流两岸没有桥梁永远不相往来。反之,人与人之间能够相互理解,就像河面架起了桥梁,人的距离才会缩短,人的距离近了,心当然也就近了。

# 接纳自己，欣赏自己

在这个世界上，你是一种独特的存在。这个独特的"我"，既有优点，也有不足。一个人只有充分地自我接纳，懂得欣赏自己，才能有良好的自我感觉，才能自信地与人交往，出色地发挥自己的才能和潜力。

多年前的一个傍晚，一位叫亨利的青年移民，站在河边发呆。这天是他30岁生日，可他不知道自己是否还有活下去的必要。因为亨利从小在福利院里长大，身材矮小，长相也不漂亮，讲话又带着浓厚的法国乡下口音，所以他一直很瞧不起自己，认为自己是一个既丑又笨的乡巴佬，连最普通的工作都不敢去应聘，没有工作，也没有家。

就在亨利徘徊于生死之间的时候，与他一起在福利院长大的好朋友约翰兴冲冲地跑过来对他说："亨利，告诉你一个好消息！"

"好消息从来就不属于我。"亨利一脸悲戚。

"不，我刚刚从收音机里听到一则消息，拿破仑曾经丢失了一个孙子。播音员描述的相貌特征，与你丝毫不差。"

"真的吗，我竟然是拿破仑的孙子？"亨利一下子精神大振。联想到爷爷曾经以矮小的身材指挥着千军万马，用带着泥土芳香的法语发出威严的命令，他顿感自己矮小的身材同样充满力量，讲话时的法国口音也带着几分高贵和威严。

第二天一大早，亨利便满怀自信地来到一家大公司应聘。

20年后，已成为这家大公司总裁的亨利，查证自己并非拿破仑的孙子，但这早已不重要了。

"接纳自己，欣赏自己，将所有的自卑全都抛到九霄云外。我认为，这就是成功最重要的前提！"

接纳自己是一种心理状态，实质是理解自己，既接纳自己的优点，也接纳自己的缺点。接纳自己比宽容别人更难，宽容别人可以是一时一事，接纳自己却需一生一世。人生都会存在不完美，也会有许多遗憾。欣赏自己，学会"照单全收"，自己才会心神安定，生活才会舒坦踏实。

# 快乐是一种美德

斯宾诺莎说，"快乐不是对美德的赞赏，而是美德本身"。快乐是一种人生态度，一种个性品质，在快乐的生活境遇中，才能发展出健康的人格。

你将要远行，孩子。将有一生的岁月等你去走。我送你三句话带在身边。

快乐是一种美德，要保持快乐，孩子。这是我们穷人最后的奢侈，不要轻易丢掉快乐的习惯，否则我们将更加一无所有。

你要快乐，在每一个清晨或傍晚。你要学会倾听万物的语言，你要试着与你身边的河流、山川、大地交谈。在你经过的每一个村庄，你要留下你的笑声作为纪念，这样当多年以后人们再谈起你时，他们也会记得当年曾有一个多么快乐的小伙子从这里经过。

快乐是一种美德。你要把它像情人的手帕一样带在身边。无论你带着多少行李，你也不要把它扔到路边的沟里。即使你的鞋子掉了，脚上磨出了血，你也要紧紧地攥着快乐，不让它离开半天。

快乐是一种美德，孩子，这是因为快乐能够传染。你要把你的快乐传染给你身边的每个人，无论他是劳累的农夫还是生病的旅人，无论他是赤脚的孩子还是为米发愁的母亲，你都要把快乐传染给他们，让他们像鲜花一样绽开笑脸。

孩子，在你经过的每个村庄，人们都会像亲人一样待你，他们给你甘甜的水，给你的包裹里塞满干粮。你就给他们快乐吧，记住，快乐是一种美德，它能让你在人们的心中活上好多年。

　　不为一朵花停留太久在你的旅途上，孩子，会有许多你没有见过的鲜花开在路边。它们守在溪流的旁边，在风中唱歌跳舞。

　　不要忽略它们，孩子，我们的眼睛永远不要忽略掉美。你要欣赏它们的身姿和歌声，你要因为它们而感到生活的美好。不管你的旅途多么遥远，不管你的道路如何艰险，你都要和鲜花交谈，哪怕只用你喝点水、洗把脸的时间。

　　不要看不见满径的鲜花。但我要告诉你，当你沉浸在花香中的时候，不要忘记赶路，不要为一朵花停留太久。你只是一个过路的人，孩子。你要去的是前方，你的旅途依旧漫长。你的鞋子依然完整，你的双眼依然有神，你属于远方，而不是这里。

　　不为一朵花停留太久。相信这条路的前头还有千朵万朵花在等你。你要知道自己究竟要去哪里，在你没到之前，孩子，不要为一朵花停住脚步。你去的地方是远方，孩子，你要知道，那是很远、很远的地方。

　　给帮过自己的人一份礼物。

　　你会在某一天踩着满地阳光到达目的地。孩子，只要你的身体里流着奔腾的热血，只要你举着火把吓退野兽，你就早晚会抵达那个你想要去的地方。那是远方，那是幸福之乡。

　　就在你打点行装，准备返回的时候，我要对你说，孩子，别忘了为那些帮过自己的人准备一份礼物。

　　你要记住在旅途上你喝过别人给你舀来的泉水；你吃过别人给你送上的食物，你听过一位姑娘的歌声；你问过一个孩子路；你在一间猎人的屋中度过一个漫漫黑夜。要记住他们，孩子，你要记住这些人的声音、容貌。在你返回前，你要为他们准备好礼物。

　　你要把几块丝绸、几块好看的石头细心地包好。你要给姑娘准备好鲜花，你要给老人准备好烟丝，你要想着那些调皮的孩子，他们的礼物最好找也最难找。

这些就足够足够了。再带上你在路上看过的风景、听过的故事，再带上你的经历和感触，在燃着火的炉边，讲给他们听。告诉缺水的人们前头哪里有水，告诉生病的人哪种草药可以治病，把你这一路的经验告诉他们，把前方哪里有弯路告诉他们。

这些都是最好的礼物。

不要忘了给帮过自己的人准备一份礼物，孩子，只有这样，你的这次远行才算没有白走。


快乐是一种美德，你给了别人快乐，别人也会给你帮助；快乐会让别人记住你，让你在人们的心中永驻。关怀和温暖，既是一种美德，又是快乐的源泉。快乐是一笔巨大的财富！谁说我们穷？我们富裕着呢，照着去做吧！

# 把自己打造成一把刀

人生路上，我们应该把自己打造成一把刀，从小磨炼，长大后方能结出硕果。曾经经历的挫折，必将砥砺我们前行，只有"伤痕"累累，才能成就美好的人生。

明媚的三月三如期来临。然而，三月三留给我印象最深的，却不是野外风筝飘飞的轻盈和艳丽，而是奶奶用刀砍树的声音。

"三月三，砍枣儿干……"每到这个时候，奶奶都会这么低唱着，在晴朗的阳光中，手拿一把磨得锃亮的刀，节奏分明地向院子里的枣树砍去。那棵粗壮的枣树就静静地站在那里，用饱含沧桑的容颜，默默地迎接着刀痕洗礼。

"奶奶，你为什么要砍树？树不疼吗？"我问。在我的心里，这些丑陋的树皮就像是穷人的棉袄一样，虽然不好看，却是他们抵御冰雪严寒的珍贵铠甲。现在，尽管冬天已经过去，可是春天还有料峭的初寒啊。奶奶这么砍下去，不是会深深地伤害它们吗？难道奶奶不知道"人活一口气，树活一张皮"吗？我甚至偷偷地设想，是不是这枣树和奶奶结下了什么仇呢？

"小孩子不许多嘴！"奶奶总是这么严厉地呵斥着我，然后把我赶到一边，继续自顾自地砍下去，一刀又一刀……

那时候，每到秋季，当我吃着甘甜香脆的枣子时，我都会想起奶奶手里凛凛的刀光，心里就会暗暗为这大难不死的枣树庆幸。惊悸和疑惑当然也有，但是却再也不肯多问一句。

多年之后，我长大了。当这件事情几乎已经被我淡忘的时候，在一个美名远扬的梨乡，我又重温了童年的一幕。

也是初春，也是三月三，漫山遍野的梨树刚刚透出一丝清新的绿意。也是雪亮的刀，不过却不仅仅是一把，而是成百上千把。这些刀在梨树干上跳跃飞舞，像一个个微缩的芭蕾女郎。梨农们砍得也是那样细致，那样用心，其认真的程度绝不亚于我的奶奶。他们虔诚地砍着，仿佛在精雕细刻着一幅幅令人沉醉的作品。梨树的皮屑一层层地撒落下来，仿佛是它们伤痛的记忆，又仿佛是它们陈旧的冬衣。

"老伯，这树，为什么要这样砍呢？"我问一个正在挥刀的老人。我恍惚地明白，他们和奶奶如此一致的行为背后，一定有一个共同的充分的理由。这个理由，就是我童年里没有知解的那个谜底。

"你们读书人应该知道，树干是用来输送养料的。这些树睡了一冬，如果不砍砍，就长得太快了。"老人笑道。

"那有什么不好呢？"

"那有什么好呢？"老人反问道，"长得快的都是没用的枝条，根储存的养料可是有限的。如果在前期生长的时候把养料都用完了，到了后期，还有什么力量去结果呢？就是结了果，也只能让你吃一嘴渣子。"

我被深深地震撼了。许久许久，我怔在了那里，没有说话。

树是这样，人又何尝不是如此呢？一个人，如果年轻时太过顺利，就会在不知不觉间疯长出许多骄狂傲慢的枝条。这些枝条，往往是徒有其表，却无其质，白白浪费了生活赐予的珍贵养料。等到结果的时候，他们却没有什么可以拿出去奉献给自己唯一的季节。而另外一类人，他们在生命的初期就被一把把看似残酷的刀斩断了甜美的微笑和酣畅的歌喉，却由此把养料酝酿了又酝酿，等到果实成熟的时候，他们的气息就芬芳成了一壶绝世的好酒。

从这个意义上讲，刀之伤又何尝不是刀之爱呢？而且，伤短爱长。当然，树和人毕竟还有不同：树可以等待人的刀，人却不可以等待生活的刀。而且，即使等也未必能够等到。那么，我们所能做的也许就是，在有刀的时候，去承受刀爱和积蓄养料；在没有刀的时候，自己把自己打造成一把刀。用这把刀，来铭记刀爱和慎用养料。

奶奶、梨农们砍果树，看似在伤害果树，实则是为了让果树结出更多更甜的果实。在人生的道路上，逆境时，我们要克服自身滋长的骄狂傲慢；在顺利的时候，自己给自己一把刀并慎用养料，用生活的砥砺，结出人生的硕果。

# 敢于迎接一切

　　人生中的不幸，谁也无法预料。只有你抬起头来正视它，才会雨过天晴——因为胜利永远属于强者，只有勇于面对一切挑战，才能做人生的强者。

　　他貌不惊人，毕业于一所名不见经传的地方院校，而且只有大专学历，可是在满满一屋子来自各名牌大学，有着硕士博士头衔的应聘者中，他的表现却让人以为他是个哈佛留学生。

　　尽管他很自信，可是面试官还是很快掂出了他的分量：他在专业能力方面并不能胜任这个职位。他的求职申请被拒绝了。

　　这位应聘者在得知自己已被淘汰出局后，脸上露出了一点失望、尴尬的神情。可是他并没有马上离开，而是起身对面试官说："请问你能否给我一张名片？"

　　面试官有点冷冷地看着他，从心底里对那些死缠乱打的求职者缺乏好感。

　　"虽然我无法成为贵公司的员工，但我们也许能够成为朋友。"他坚持着。

　　"哦？你这么想？"

　　"任何朋友都是从陌生人开始的。如果有一天你找不到打网球的搭档，可以找我。"

面试官看了他一会儿，掏出了名片。

我就是那个面试官，朋友们都很忙，我确实经常为找不到伴儿打球而烦恼。后来我俩也就成了朋友。

有一次我问他："你不觉得你当时所提的要求有点过分吗？要知道，你只是一个来找工作的人，你凭什么？"

他说："我什么也不凭，我只知道一点，人与人之间是平等的。什么地位、财富、学历、家世对我来说都没有意义。"

我笑了，笑他的迂腐，笑正是这种迂腐给了他勇气。我说："如果我根本不理会你，那你怎么下台？"

"其实人最怕的不是失败本身，而是失败以后的尴尬。很多人不敢去做一些本来也许可以做成的事，就是害怕丢脸。可是真正丢脸的不是失败，而是甚至不敢想象失败。其实很多事情都是从尴尬开始的，包括交朋友。"

他接着说："大学时候我曾经非常喜欢一个女孩儿，可是几年时间里我只敢远远地看着她。我怕被拒绝。我担心如果向她表明心迹，她会用一种冷冷的眼光看着我说：'你也配这么想？'如果这样我会无地自容。就这样，我被自己的想象吓住了。后来我偶然得知，她以前一直对我很有好感。我错过了本来属于我的幸福……"

"从那以后，每当怯懦、退缩的念头冒出来时，我都会拿这件事来告诫自己，不要怕可能会出现的任何尴尬。否则，我还是会一次次地错过。"

"你相信吗，我现在已经敢于迎接一切了，不管前面是一个吸引我的女孩还是某个万人大会的讲台，我都会迎上去，虽然我知道自己可能还不够资格。"


勇敢地面对，才是一个人应有的姿态；不要逃避，才是我们应采取的方式。不要说，这是勇者的专利，不要说，自己不能做到。尝试过，才会知道结果。终于，才发现，面对是善待自己与他人的唯一方式。

# 歧视是一笔巨大的财富

孟子云：知耻而后勇。指的是一种在遭受磨难与打击后，在困境面前，不气馁、不后退、迎难而上的精神状态。耻辱具有两重性，它既是一个挑战，又是一个机遇；既是一种障碍，又是一种锻炼。

1979年，年仅16岁的我高考落榜。我颓唐极了，流了不少泪。想起有些学习成绩不如我的同学都收到了录取通知书，我心中很不服气。我盼望着复读一年，可是，家中还有四个弟弟妹妹，我家人均工分在全生产队最少，面对着父母劳作一天后的疲惫神态，我复读的愿望难以启齿。

那个秋天，我白天跟着父母出工挣工分，晚上就在油灯下读书。出工时，我的口袋常装着书本，时不时地抽空翻几页。所有人都敢肆无忌惮地开我的玩笑。上下晌时，乡亲们大步流星地在前面走，我在后面慢腾腾地琢磨一道数学题，乡亲们就喊："书呆子快点走，后面跟着一只狗。"我惊恐地跑几步，回头看看，却根本没有狗的影子。在锄地时，队长郑长江常常拣起被我锄掉的禾苗嚷道："怎么搞的，高中生，干啥都不中。"

天气凉起来时，邻村的同学在田间找到我："哎，县里招复习班，复习费20元，你去不去？"我心头一震，抬头望，父母正在田里的那头掰玉米棒子。我跑过去，对父亲说："爹，县里招复习班。"父亲望着我，问："要交多少钱？"我一下就被问得呆了。周围的乡亲全把目光投向我们父子。父亲说："交钱就不去，不交钱就去，你也知道，家里没有钱。"

吃罢晚饭，再次求父母："爹，娘，我想上学。"父亲说："算了吧，从哪儿弄钱去？再说，你去上学，还有四个孩子都要上学，今后要靠你挣工分缓缓家里的紧张。"我只好把求助的目光投向母亲。母亲的眼睛流露出一股温和，她叹口气，对父亲说："难道孩子的命真苦？再试一年吧，我明天就到他大舅家想想办法。"

次日，母亲从大舅家借来了10元，还差10元没有着落，父亲对我说："走，我领你借钱去。"我随着父亲找到生产队长郑长江。郑长江瞅我半天，对父亲说："他还想上学？瞧他那笨劲儿，连锄地都不会，能考上大学？"我跟在父亲的后面，脸庞热辣辣的。父亲扭头盯了我一眼，问："你能考上吗？"

一句话问得我心口怦怦直跳，我不忍心再看父亲那失望的目光，不愿再听到父亲那句"算了吧"。我仰起头，咬牙切齿地说："能！"郑长江点点头："好，还能看出点儿骨气。"说罢，他从内衣口袋里摸出了10元钱。

回到家，父亲让我站到他的面前，很郑重地说："儿啊，咱们家穷啊，记住，我只能再咬牙供养你一年，就一年！你知道吗，每一次别人笑话你干啥都不中的时候，当爹的心里就像撒上了一把盐……"

我去县城复读。家里没有自行车，每次上学，我都要步行十几里路。在路上我边走边读书，很快，周围几个村子的人都知道有个书呆子除了看书什么都不懂。我学习很刻苦，没钱买复习资料，我就在夜里抄写同学的资料。紧张的学习使我有一次竟然晕倒在了学校的食堂门口。醒来时，我耳边仍然回响着乡亲们的嘲笑。我知道，再次落榜，我将终生遭受别人的嘲笑。

春节到了，家里准备过年的时候，大舅找到母亲，母亲翻开叠了几层的手绢，还给大舅10元，然后交给我10元，让我还给郑长江。郑家的院子一片喷香，郑队长正在啃一条猪腿。我把钱还给他，他说："好，高中生，好生学习，考上大学，天天吃肉。"

家里就剩下两元钱，除夕之夜，我吃饺子时没有感到任何的肉香。我的心中一片苦涩。假如我不复读，至少父母和妹妹弟弟们能饱饱地吃上一顿肉。

又一个七月来临了。高考中我答题很顺利，填报志愿时，我大胆地选了一批著名的院校，然后就忐忑不安地在家等待消息。

一个骄阳似火的日子，父母把瓮里的几袋粮食搬到房顶上晒，留下我一人在房顶上翻晒粮食。我手持一本书，很快就聚精会神地读起来，我沉浸在书的情节中，自己仿佛成为主人公在故事中遨游。不知不觉地，天慢慢凉下来，我从房顶上下来，躲在屋子里继续读书。不知何时，风雨大作，父母从田里慌张地回来。父亲喊："孩子，粮食盖住没？"我突然惊醒，赶紧爬到房顶上，粮食早已被雨水冲得所剩无几。我赶紧同父母一起手忙脚乱地堆起粮食。父亲叹口气，说，孩儿，你千万考上大学吧，要不，你在农村就永无出头之日……

正在这时，大街上有人喊：快来看，有通知书来啦。我从房顶上向下看，风雨中，郑队长正挥舞着一张纸。我的双目睁圆了，我的心紧张地要跳出胸口，房下是一堆陈年的柴垛，我从房顶上猛地跳到柴垛上，又连滚带爬地下了柴垛，扑向郑队长，扑向我的大学录取通知书……

1980年的夏天，我考上清华大学的消息传遍了河北省广宗县的大片农村。许多人知道了我的名字。那天夜里，郑队长打了酒，陪着我们全家人喝得晕晕乎乎，乡亲们成群结队地来到我家翻看我那张薄薄的录取通知书。郑队长醉醺醺地拍拍我的肩膀："高中生，不，大学生，以前真是小瞧你了，孩子，别多心，无论在哪里，要是你干不出名堂，别人当然会笑话你，只有争口气，别人才会服你。"

我的泪水涌出来，往日的委屈在心头翻滚着。我忽然悟出：昔日遭受的嘲笑和歧视正是我努力读书学习的力量源泉。

十多年过去了，在我成长的过程中，除了高考，我还经历了不少的失败和挫折，也忍受过别人的嘲笑和歧视，但我是从那一年高考落榜的经历中真正成长起来的。

　　生活中遭受的歧视往往是自己最好的老师，而证明自己的最好的方法，就是用自己的刻苦和拼搏，竭尽全力地实现自己心中渴望的目标。那嘲笑，那歧视，真是一笔巨大的财富。知耻之后，人才可能有卧薪尝胆的决心和勇气，否则就不能正确认识自己的不足。

# 不隐藏，不躲避

人与人相遇，靠的是一点缘分，人与人相处，靠的是一点诚意。坦诚，不是一个靠嘴巴说说的名词，是要靠坦率真诚地去相待你身边的人，坦诚能让你赢得很多东西，也能让你相交的知己，能使你走向成功，走向更远之路。

一班初中女生在参观了这间盲人学校之后，聚集在小礼堂里，听校长李洁回答大家的问题。

李洁的态度随和亲切，又有幽默感，气氛变得很轻松，随时响起女孩们银铃般的笑声。

"你可不可以告诉我们，为什么要到一间盲人学校做校长？"

"因为我年轻时很漂亮。"李洁笑着说。

女孩们虽然不明白这个答案的意思，但是她们又笑又鼓掌。有人还大声说："你现在仍然很漂亮！"

"谢谢！"李洁说，"我很迟才知道自己长得不丑，因为妈妈自小叫我'丑样妹'，哥哥叫我'丑小鸭'，因此我一直以为自己是个丑丫头，将来一定嫁不出去。"

"后来你是怎么知道的？"几个女孩一齐问。

"那年有一间名校招小一新生，光是拿报名纸已经要通宵轮候。但是入学考试却很简单，由校长亲自问几个问题，便算考过了。考完回来，舅父对妈说：阿洁一定考得到，因为她长得好看。"

"结果你考到了没有？"

"考到了。妈妈和我都很欢喜。我欢喜不是因为可以在这间名校读书，而是因为舅父的那番话。从那时起，我时常照镜子，我对自己说：或许我真的不是'丑样妹'。"

喝了一口茶，李洁继续说："进了中学，烦恼愈来愈多。中三那年，有两个男生打架，据说是因为他们两个都喜欢我。"

有人轻轻吹起了口哨。

"虽然我懵然不知，却也被训导主任叫去问话。中四的时候，班上有几个女生又搽胭脂，又用唇膏，被训导主任劝喻一番。起初她把我也叫去，后来看清楚我的肤色和嘴唇都是天生的，才放我走。"

"天生丽质！"有人插嘴，又引起一片笑声。

"中四那年的英文科新老师年轻漂亮，夸张地说一句，现在歌坛的天王没有一个比得上他……"

又是一连串的口哨声，女孩们起了一阵骚动，似乎为自己没有这样的一位老师感到可惜。

"他是许多女同学的梦中情人，休息时间、放学后都有一大班人要见他。大家的学习兴趣突然高涨。"

女孩们发出一片理解的笑声。

"我不喜欢跟别人争，因此我从来不找他。他却特别喜欢叫我朗读。他说我的发音准确，腔调自然，不看着我还以为朗诵的是英国人——他在英国生活过十年，他的评价当然够权威。

"不过生活中有许多意外和巧合。有一次我趁学校假期到愉景湾探望姑母，却在船上碰见了他。他也是一个人，去探望他在英国读书时的一位老师和师母。他们正在香港小住。

"他邀请我到船头吹海风、看风景。我们谈得很高兴，忘记了我们的师生关系，谈得像一对朋友。这对在外国生活过一段日子的年轻人来说，是平常不过的。他说我可以叫他Richard，我也不客气。事实上他看上去比我哥哥还年轻。

"想不到这次船上的偶遇，却惹起很厉害的绯闻。大概刚好另外有两个同学在船上，看到我跟他在一起的情形。绯闻愈传愈离谱，说我们在船头拥抱和kiss……"

女孩们把口哨吹得像在听演唱会。

"我不知道他受到的困扰有多大，可是他上课再不叫我朗诵。下个学期我们没再见到他，代替他的是一位很严厉的老先生……"

女孩们沮丧地叹息。

"我读中学的时候，对班上的男同学毫无感觉。这是因为我有一个功课好、运动又出色的哥哥。他会玩又会说笑，思考问题不但敏捷而且有深度。跟他比较之下，我班上的男生都是乳臭未干的小子。我的好朋友都是女生，其中一个叫沙莉的，更是我的死党。毕业那年，学校要排一出戏参加校际戏剧比赛。沙莉和我都有兴趣演剧中的女主角，结果负责选角的导演挑了我——我知道沙莉的条件不比我差，除了样貌。她落选之后便没有再理睬我。后来我知道她很喜欢那个男主角，她渴望跟他同台演出。戏演得很成功，男主角多次约我单独外出，我都没有答应。我对得住沙莉，但沙莉一直没有原谅我。"

李洁说的时候一脸的无奈，似乎对那份失落的友情仍感惋惜。

"年轻人的思想有时很直接。我把中学时代所有的不快，都归罪于我的样貌。长得漂亮，带给我的不是快乐，而是烦恼。我决定毕业后，要到一处没有人注意我面孔的地方工作。大学毕业之后，我便申请这间盲人学校的教职。一做便做了十年，如今我是校长。学校里没有男同事，失明的学生认得出我的声音，但不知道我的样子，漂亮没有再带给我什么烦恼。"

"请问校长你有没有为你的决定后悔？"一个戴眼镜、表情严肃的女孩举手问。

"我没有后悔。但是最近发生了一件事，使我对事情有了不同的看法。你们要不要听？"

"要！"答案一致得很。

"我们学校有一个声音很好听的女孩，她很会唱歌，音准，又有感情。可是她的样子很难看，因为她的失明是在一场意外中造成的，面孔被扭曲损毁了。自己样子难看，她是知道的，因为她很敏感，外出时听到人家议论她的样貌，她自己也摸得到自己脸庞的缺陷。

"可是她很喜欢表演，不但在校内唱歌，还接受邀请到校外唱。她唱的时候样子往往更难看，但她优美而有感情的歌声，每次都为她带来热烈的掌声。

"她勇敢地享受她的长处带给她的快乐，蔑视那丑陋样貌带给她的不快感觉。有一次我听她唱歌，忽然悟到她比我坚强：她不隐藏，不躲避，欣然自若地显耀自己的优点，也接受自己的缺憾。长得漂亮是上天对我的恩赐，我该自豪，我该感谢，但我却抱怨，我却躲藏。我这样的性格其实一点也不可爱。

"我开始改变自己，我恢复了照镜子。当然，我看书的时间比照镜子的时间多得多（其实读书是另一种照镜）。但我的确对着镜子仔细地看我自己，我知道自己哪一部分最耐看，哪一部分需要修饰。功效很显著，我发现街上看我的目光多起来，包括男人和女人。

"我不再躲藏，除了把学校办好之外，我还参加社会公益活动。我漂漂亮亮地出现在公众面前，我欣赏别人对我的欣赏。各位可爱的小妹妹，你们觉得我漂亮吗？"

"李校长，你好漂亮！"女孩们衷心地赞美。

"谢谢大家！"李洁嫣然一笑，迷人得很。

　　坦诚是一种能敢于牺牲自我的精神，敢于身边的人做错事的时候能直言，坦诚能有成人之美，没有妒忌之心，能是非分明，实事求是直言不讳。人与人之间坦诚相待，能使距离缩小，能使隔阂化解，能使心灵靠近，人与人之间坦诚相待，不仅有相互的信任，还有相濡以沫的温暖，还有真话的疼痛感⋯⋯

# 让自己的心里有春天

人生的幸福感，往往取决于内心的安静。快乐的最好办法就是忘记不快，幸福的最好办法就是忘记不幸。不能忘记失败的教训，但要忘记失败的痛苦。快乐只属于那些善于忘记不快的人，幸福只属于那些善于忘记不幸的人。

多少年来，美国各地的花圃都以园艺学家大卫·波庇的《花草种子邮购目录》作为春的信息，到了该下什么花种子的时候，也就是某一个季节到了。大卫·波庇成了指点众人算计日子的人，因为在美国有成千上万个这样的花园、院子和公共的绿化带，波庇的话没有人不听的。连婚姻介绍所、殡仪馆、旅游公司、学校、机关、车站、码头……都就教于他。可波庇是个三句话不离本行的人，任你怎么绕，归根结底他总要绕到花草上去议论一通方可罢休。

一天，一个觉得生活很容易厌倦的青年人来向他求教："要想生活得惬意一些干点什么好？"

波庇反过来问那人："想惬意一阵子吗？"

"对，哪怕是一阵子也好。"青年人说。

"那你去吸上一点，一个钟头之内会惬意的。"

"不，那太短暂了，那玩意有毒，我不沾的。我想整个周末都过得惬意一点。"

"那你就突击结一次婚，好就好，不好的话，把周末一过就拉倒。"

这不像是很负责的咨询，青年人觉得这样胡搅乱搅不成，再说光是周末尽一下兴，周末一过又陷入无聊，也并不怎么好，于是没吱声。

"我明白了，"波庇说，"你想一整个星期都来劲，那你就把你那只乳猪宰了，吃上个把星期也就差不多了。"

"光是有那么一点口福，恐怕不……"

那话没说完，但后面带着个疑问号，不说完也罢。波庇说："你是想一辈子都过得惬意些？"

对方也没吱声，那目光倒好像正是这个意思。

"那好说，"波庇指点着，"喏，学我这样，栽点花，种点草，让自己时刻感觉到春天。"说着他指了指自己那个院子，那可真是多姿多彩、鲜艳活泼，时值深秋，那儿却满院春色。年轻人悟着了什么，笑嘻嘻地走了，带走了一份《花草种子邮购目录》

心里有春天，心花才能怒放；有些事，不能算是事；有些事，只能是笑笑；有些事，要用心去做。把握自己，调整心态，做人才能做事，做事方能成人。天下之事岂能尽如人意，但求无愧于心，无憾于人生。心里装下整个春天，我们才能看见美好的春天。

# 第二辑 CHAPTER 02
## 点燃心中的希望之火

希望的有无，

全凭自己。

有了对生命的渴望与对生活的信心，

就自然而然会有希望。

希望也和路一样，

要靠自己去走，

自己去创造。

# 点燃心中的希望之火

　　绝望的时候你要想想你能够为自己做点什么，能够为这个世界做些什么，你不可以消沉，也不可以堕落，因为这个世界需要你。绝望不是世界要结束了，而是你的心冷了、麻木了，所以你要激活你的内心，给自己许诺一个未来。

　　女孩很聪明，小巧玲珑，聪慧的大眼睛永远活力四射。女孩爱笑，于是很多人说女孩是个开心果，无忧无虑的。没有人知道女孩的忧伤。女孩不漂亮，从来不是众人目光的焦点，所以，女孩的心事无人知晓。

　　女孩有一个心爱的人。自碰到他的第一天、第一个凝视，女孩就知道这是份生生世世的缘，知道自己将万劫不复。感情付出了，然而，没有承诺，没有一份真情的回报。几年的岁月，只有在独处时，他对她才像个情人。众人面前，他始终如路人般冷漠。女孩以一种无法解释的执拗，固执地等待着一个结局。岁月蹉跎，女孩苍老了，不是容颜，而是心境，似乎很看破的样子。元旦前夜，照例的，他是不肯陪她的。女孩一个人独自留在宿舍里，走廊很大很长，回荡着女孩寂寞的脚步声。

　　女孩走进了网吧，让自己沉入"网"中。第一次，不再做网上的旁观者，而是在一个名叫"绝情网"的论坛上，写下了自己的心声。下意识地，她留下了QQ号码。也许，女孩真的是太寂寞了，岁末特有的哀伤击破了她坚强的伪装，她太想有人陪她聊聊天了。可是，等了很久，论坛上无人响应，QQ上亦没人加。大概是在辞旧迎新的日子里，大家太兴奋了吧，忽略了别人的悲伤。元旦，女孩梦游般地在大街上逛了一天。繁华不是她的，热闹不是她的，她只是个孤魂而已。好在，几年来她已习惯了。

再次上网时，布兰德加了她的QQ并给她留言。很热切地劝着她，"看开一些"诸如此类非常温暖的话。女孩很感激。虽然这么多年来隐藏自己太深，她已不习惯于别人的关心，但是，这一次，她感觉到了温暖。与布兰德的网上交往由此开始。

起先，女孩并不热心。她不相信这世上会有人懂她，可能是寂寞的原因吧，她把那个不曾谋面的人当作她的日记，说出了很多现实中不想说的话。QQ上的布兰德很能聊，渐渐地，她了解了一些布兰德的背景。布兰德似乎也是一个大学生，受过良好的教育。女孩惊讶了，她不知道，这样一个与她生活在两个世界里的人，怎么会那么懂她的心思，不曾见过面，却对她的性格、特点了如指掌。再后来女孩和布兰德通电话了，言语之间，有浓浓的关心和爱护。女孩感动极了，从小时候开始，女孩就被认为是很独立自主的，一直以来，她扮演了一个强者的角色，从来没有人想过，她有自己做不到的事情，没有人知道，她是多么渴望被呵护。不知不觉中，女孩开始对这份网上友谊注入了感情。女孩是个很激烈的人，只要投入，就绝对是全心全意。最后，和布兰德的通话聊天，成了生活中最重要的事。

可能是不见面的缘故吧，距离让人去掉了许多的伪装。女孩和布兰德的言语渐渐地热烈了起来，彼此都说过很多很温情的话。女孩骨子里很浪漫，对爱情失望后，她选择了友谊，一厢情愿地，她相信友谊会是天长地久的。布兰德要求见面，女孩如受惊的兔子般逃避。她对自己太缺乏自信。布兰德很无奈但并没有怪她。之后的日子，女孩就在等待电话中度过。

就在这段日子里，女孩遭受到巨大的打击。爱了几年的人，终于弃她而去，家中亲人亦永远离开了她，这让女孩痛苦万分。但女孩却在努力地支撑着，因为她知道，还有布兰德在关心她。布兰德的每次通话，都令她精神大振。情人节前夜，女孩和布兰德聊得很晚。深夜，女孩哭了，女孩的悲伤终于可以倾诉了，而布兰德，除了一如既往的安慰外，还做了一个果断的决定：明天他要见她。这一次，女孩无法逃避了。因为，布兰德没有给她机会。女孩不安极了。她不知道该如何面对布兰德，她很怕自己平凡的容颜会令这份浪漫的友谊褪色。

半喜半忧中，女孩终于熬到了天亮。那一天，从清晨开始就太阳高照，女孩心中忽然有种不祥的预感。她不知道是为什么，只是感到非常的恐惧。见面的时间到了，女孩和好友在约定的地点等候了20分钟，空气是异常的潮湿闷热，可是女孩却冷极了，从心底向外的冷出现了。他给女孩的第一印象远远不如想象中的那样亲切，电话里的温言软语不见了。女孩想，这就是以往和我谈得很知心的他吗？通过两个小时的接触，女孩彻底地失望了，表面上装得很热情，内心却恨不得马上离开。女孩不停地看着表，终于挨到吃完了饭，女孩拉上好友飞一般的跳上了公车，头也不回地走了。

回到宿舍，女孩很伤心，趴在床上大哭了一场，任朋友们如何劝，也止不住她的啜泣声。女孩想了一夜，发誓再也不交网友了。布兰德次日早上打电话来时，女孩还没有起床，电话这头女孩不停地叹气，一句话也没说。以前布兰德也曾在QQ视频上见过女孩，觉得女孩比自己想象的要好，才提出见一面的要求。见面后，布兰德是有点失望，可还是觉得女孩很好，所以做事总是小心谨慎的，怕给女孩一个坏印象，见女孩和她的好友聊得开心，不便于插话，便默默地闪到旁边。女孩走后，布兰德松了一口气。当晚布兰德想一定得给女孩一个电话，可因进城办事给耽搁了，布兰德一回宿舍，就给女孩打电话，那时女孩没起床，电话中也不知道说什么好，每每听见女孩的叹息声时，布兰德心如刀绞。当女孩挂了电话，布兰德还拿着听筒在想自己哪里做得不好。

布兰德曾经对她说过他不会以貌取人，这句话曾点燃女孩心中的希望之火，而今，这火已经熄灭了。女孩不知道，她的容貌，是否会妨碍她和布兰德的友谊。女孩在想，你以为我低微、不美，我就没有灵魂、没有心吗？你想错了。女孩笑了，苦笑，笑容很短暂，如昙花一现般。女孩的容颜，在这笑容之后，迅速地憔悴了。这份网上友谊，用尽了女孩最后的一点真情。如今，她已精疲力竭，没有人知道她伤得有多重。同时失去爱情和友情的女孩，不知道还有什么是她可以相信的。她将自己封闭起来，不会说，也不会笑了。太阳还照样升起，而女孩心中，再也没有了阳光。女孩的心，彻底苍老了。

布兰德深表不安，也不知道自己那天哪里做得不好，真的伤透了女孩的心，只能真诚地向女孩说声："对不起！"为此，布兰德赠了首自己拼凑的诗给女孩，希望女孩能很快地摆脱阴影，重拾生活的信心，每天过得快快乐乐，再也不要受任何干扰。

天边挂着紫云

清晨有只美丽的鸟从我窗前掠过

一片洁白的琼羽缓缓于风中飘落

许多年了家乡的春水悠悠

你已不是昔日的青梅少女

繁星的夜你的目光如皎皎月亮

深情回望幼时那无忧无虑的年华

忘掉过去那些不顺心的时光

回味这些日子的喜悦与欢畅

油菜花遍野金黄

我们在艳阳里拔剑狂歌

你在马上娇笑

忽忽衣袂温柔拍打我们的轻狂

山上的雪融了

冰莹的泉水无声流淌

那里是养育你的故乡

群山逶迤丛林蓊郁

弟兄如青松屹立雄壮坚强

你恰似一朵紫云游弋苍穹

轻逸飘走人间！

　　希望的有无，全凭自己。有了对生命的渴望与对生活的信心，就自然而然会有希望。希望也和路一样，要靠自己去走，自己去创造。朋友，点燃希望之火吧！相信自己会努力，不会放弃，成功的火把已在前方燃起，还等什么呢？

# 站在世界最高峰上的巨人

与其他美国总统相比，罗斯福有两个独特之处。其一，他是唯一的残疾人总统，又是唯一的连任四届的总统。由于1952年美国国会通过的宪法修正案规定，总统只能连任两任，所以他又是绝后的获三任以上的总统。

许多年以前，在纽约的一户富人家出生了一个男孩，由于家境殷实，他成长得顺风顺水。直到上中学时，他才发现了自己的一个缺点。那一天，班上的一个女同学指着正神采飞扬给同学讲故事的他，夸张地喊："天啊！大家看看他的牙！"围观的同学立刻发出一片嘘声。

回到家，他照着镜子仔细看自己的牙齿，那是怎样的一口牙啊！任何两颗紧挨着的牙齿都不一般大，而且向外突出，果然是很难看。从那以后，他变得沉默了，极少开口说话，更多的时候他都是紧闭着双唇，不让牙齿暴露出来。他为此烦恼不已，常常一个人跑到哈得孙河边独坐。时间久了，他发现一个老人每天都在那里对着一棵树讲话，或者大声地唱歌。他很奇怪，有一天终于走到老人身边，老人正在慷慨激昂地演讲。等老人讲完，发现了他，便问："你有什么事吗？"看着老人的白发，他忽然涌起一种亲切感，便把自己的烦恼都讲了出来，并张开嘴给他看自己丑陋的牙齿。老人哈哈一笑，指着自己的嘴说："小伙子你看，我的牙都没剩下几颗了，可我还是能照样演讲唱歌，经常参加一些活动。你说，一个人能不能讲话、能不能讲得好和牙齿有关吗？"

那一刻，他的心一震，心里像开了两扇窗一样。从那一天起，他开始苦练口才，并阅读了大量的书籍，以充实自己的头脑，从而让自己能说出更有深度的话来。他一路走过来，从哈佛大学毕业后，不久便开始从政，并发展顺利，再也没有人嘲笑他的牙齿。因为，他懂得了用语言和能力去弥补牙齿的不足。在二三十多岁的时候，他的事业已经达到了令人羡慕的高度。而就在这个时候，一场灾难降临了。

那一年举家出去度假，住处失火，他跳进冰冷的河水中救人，因此患上了骨髓灰质炎，经过治疗，他的腿却永远也不能像正常人那样走路了。这对于事业上如日中天的他是一个致命的打击。他一度万念俱灰，丧失了对事业的信心与勇气。在家人的劝说下，他回到家乡的哈得孙河边散心。每天都坐在河边垂钓，河水静静地流淌，可他的心却无法平静下来。

每天钓鱼的时候，他身边总有一个中年人也在钓鱼，他坐在一把小椅子上，很是悠闲。有一天两人在等鱼咬钩的时候闲聊起来，他才知道那个人是个木匠。木匠自豪地对他说："我平生做得最好的就是木椅，什么样式的椅子我都能做，而且能做得最好！你看，我现在坐的这把小矮椅就是我亲手做的！"他看了看木匠的那把椅子，样式和做工的确都无可挑剔。木匠等着他的赞美，可他却说："要是这把椅子缺了一条腿会怎么样？它还能站住吗？"木匠瞥了他一眼，没有说话。

第二天，木匠来的时候，向他扬了扬手中的椅子。大声说："你看，三条腿的椅子！"果然，那椅子只有三条腿，却是均匀分布，放在地上站得稳稳的。木匠一屁股坐上去，说："怎么样？三条腿的椅子也能站住吧！"他却冷冷地说："如果再缺一条腿，它还能站住吗？"木匠一怔，一言不发地收拾好刚架好的鱼竿，拎起那把椅子一转身走了。下午的时候，木匠又来了，手里拿的椅子竟真的变成了两条腿！木匠把椅子往地上一放，也是站得稳稳的，原来在每条腿下都钉了约一尺长的横木，像两只脚一样。这回轮到他说不出话来了。

第三天，他刚在河边坐下，木匠就来了，这回却带来了两把椅子。他震惊地发现，这两把椅子竟都是一条腿。一把椅子的腿极粗，像个木墩，放在地上也是稳稳当当的。而另一把椅子的腿却是极细极长，还带着尖尖的端部。木匠把细腿的椅子用手扶住，用一个锤用力地打了几下，那条腿便被钉进地里去了，进去一半的时候，椅子就站住了，木匠往上边一坐，竟是一动不动。他看着木匠和那两把椅子，惊得目瞪口呆。木匠得意地说："你看，一条腿的椅子都能站住，要是没有腿那还站得更稳呢！"

他以手撑地，艰难地站起来，向着木匠深深鞠了一躬，说："谢谢你，是你让我重新站了起来！"

他向城里慢慢地走去，有一种力量充盈在心中。他从此真的站起来了，而且站得更高，支撑他的不是残腿，而是一种向上的精神。他在美国总统的位置上连任了四届，是的，他就是富兰克林·罗斯福，一个站在世界最高峰上的巨人。

罗斯福的智慧在于能从身边的事物中寻求到启示，并应用于自身的为人处世之中，从而成就辉煌的人生。据说他已将那五把椅子收藏起来，现今陈列于美国某个博物馆中。隔着遥远的时空，我仿佛看到了那五把椅子站立的身姿。真想去看看那些椅子，让它们在我心里站成一座不倒的丰碑！


一个人不能因为某些缺陷而被遮蔽光辉，我们应该扬长避短。有的时候上帝在创造人的时候，把一扇窗子关上了，而同时又打开了一扇窗子。而许多人却无法发现另一扇窗子已经打开了，因此，我们要学会去发现"另一扇窗子"。

# 从极端中寻找终极的美感

　　人，不是为了别人而活的，而是为了自己活。人要活出"自我"，虽然不能全然不顾别人的想法，但也不能总依着别人的想法。因为自己就是自己，变不成别人，只有有自己独特见解的人，才能称之为"我"，一种不同于他人的"自我"。

　　世界上最酷的总统夫人，应该是西西莉亚了。

　　她是史上任期最短的总统夫人。萨科齐选上法国总统之后不久，她就决意要离婚了。

　　她很美。身高178厘米，50岁，曾经当过模特儿的她，仍然美得耐人寻味。当她在总统就职典礼，带着她与前夫生的两个女儿、总统与前妻生的两个儿子，还有她和总统生的一个儿子——5个漂亮的金发少年，穿着Prada的洋装出现在法国人民眼前时，每个法国人，几乎都爱上了这一个梦幻家庭。

　　没有人觉得她过去的绯闻值得计较。

　　她曾经是萨科齐的外遇对象。传闻现任总统在担任市长时，曾经替她和她的前夫——一位法国电视界名主持人主婚，当场他就爱上了美丽的新娘，心想，她跟我才是真正的一对。

　　萨科齐从那天之后就疯狂追求新娘，两人陷入爱河，弄得双方伴侣精神崩溃。

两人终于都离了婚，终成眷属。有20年的时间，她为了他的政治前途尽力。这几年来，他的仕途越来越成功，她的绯闻也渐渐多了。

她还曾经和一个情人私奔纽约，不管他人争议。回国之后，努力帮丈夫助选。

她还飞到了利比亚，从死神手中营救了6个医护人员，勇气令人喝彩。

当法国人将她视为他们的"黛安娜"王妃时，她离了婚，说：我妈要我挺直背脊，永远要带着高贵气质，我不能说谎。

就算曾经爱过，不爱就是不爱了。她一点也不吝惜总统夫人这个角色。

美国总统邀请萨科齐家人进餐，她拒绝参加，宁可和朋友们在一起闲聊，照片被狗仔队们拍到了，她也不在乎。要与不要，都由她决定。

她应该是史上最自我、最有个性的第一夫人。

这样的女人，大概只有在法国才能出产。法国人，是接受最传统的，也容纳最反传统的，他们可以从每个极端中寻找终极的美感。

或许你很难为多变的西西莉亚喝彩，然而有谁的一生，敢这样的为自己的意愿而活？敢这样离经叛道地爱？敢这样潇洒地在最华丽的位子上离开？

我们的生命有限，所以不要为别人而活。不要被教条所限，不要活在别人的观念里。不要让别人的意见左右自己内心的声音。最重要的是，勇敢地去追随自己的心灵和直觉，只有自己的心灵和直觉才知道你自己的真实想法，其他一切都是次要。

# 小女人的独特人生

　　音乐剧第一夫人忆莲·佩姬说过，"不甘矮小，就请站到舞台中央。"是啊！人就是要勇于挑战自己，当突破了困扰我很久的障碍时，你会发现你的世界将变得更加的开阔，你的人生将变得更加的精彩。

　　忆莲·佩姬出生于伦敦北部郊区的一个小镇，19岁时从戏剧学校毕业后，就踏入了戏剧领域。此后五六年的时间里，她总是出演一些微不足道的小角色，再加上她身材矮小，直到二十多岁还在儿童剧中扮演替身。困境中，她的要求非常低，不管多么不重要的角色，只要有份事做就可以。那段时间，她几度失业，连最基本的生活也保障不了。由于经常会失业，她甚至苦练网球，想成为运动员。但是，朋友们劝她："你甚至看不到球网另一边的事情，怎么可能当网球运动员？"最后，灰心的她只好放弃自己喜爱的戏剧，转向电视发展。

　　就在此时，著名音乐剧作曲家安德鲁·韦伯和他的黄金搭档剧作家提姆·莱斯创作的音乐剧《艾微塔》在招演员，忆莲抱着试试看的态度也报名了，当提姆·莱斯看到这个矮小女孩的表演后，立刻认定她就是出演女主角艾娃·贝隆的最佳人选。从500多名竞争者中赢得了这个角色，忆莲激动异常。在她第一次听到这部作品的音乐和旋律时，她一下子就爱上了这部作品，觉得自己的一生都在为这个角色做准备。原来，她饰演的艾娃个子也不高，而且艾娃在舞台上的激情、活跃、精力充沛的风格也和自己差不多！她想，属于自己的时刻来了。幸运之神终于降临到这个矮小的女孩身上！这十几年来，她参加了无数个剧组的选拔，都是因为自己的矮小被人忽视，她太需要证明自己。她想："这一次，我一定要站在舞台中央，用优美动听的歌声告诉大家，我不矮小！"

1978年6月，已经30岁的忆莲在爱德华王子剧院，经历了人生中最重要的转折时刻，音乐剧《艾微塔》一经上演便轰动了伦敦，一时间，各大媒体记者竞相追随着这个小个女子。她突然意识到，她不仅饰演了她所渴望的音乐剧角色，她的生活也一夜之间发生了巨大的改变，这令她有点手足无措。

第一次在舞台上担任主角，忆莲扮演身世复杂、风华绝代、充满传奇色彩的阿根廷第一夫人，这对她来说的确充满了前所未有的挑战和刺激。她在《艾微塔》中首唱的《阿根廷别为我哭泣》，迅速成为全世界最红的音乐剧插曲，而她的表演，更在举手投足之间演绎着这位传奇女性的坚毅与脆弱、成功与无奈、幸运与不幸——被艺术化的贝隆夫人形象深深地留在了人们的心中。

"不甘矮小，就请站到舞台中央。"从此，忆莲·佩姬每天都不忘这样鼓励自己。1981年，音乐剧《猫》中的主演在排练时意外受伤不能演出了。而此时，距离开演的时间只剩一个星期，韦伯和有"音乐剧教父"之称的麦金托什毫不犹豫地邀请忆莲·佩姬前来"救火"。没想到，《猫》的主题歌《回忆》，经她一唱，便永久流传。1986年，忆莲·佩姬在《棋王》中再度担任女主角，一曲《我对他如此了解》，立刻登上当年的流行排行榜，并成为世界上发行量最大的女声二重唱歌曲。

2008年是忆莲·佩姬从艺40周年纪念，她正带着一台全新的周年演唱会在世界范围巡演。这台演出不仅浓缩了忆莲·佩姬本人40年音乐剧人生的璀璨回忆，还汇集了当代音乐剧的诸多经典名曲，可以视为一幅英美音乐剧半世纪的辉煌剪影。12月16日，忆莲·佩姬上海音乐会在上海歌剧院的大舞台演出，一个小女人以自己独特的人生"歌剧"震撼着大上海。

　　忆莲·佩姬，一个矮小女子，因为站在舞台中央坚持着、歌唱着，她最终被公认为"英国音乐剧的第一人"，英国女王还授予她大英帝国女王勋章。

　　如果一个杯中，只装了石头、水或沙子，似乎太过单调，不够充实，只有一个杯子中既装了石头、沙子，又装了水，才能达到真正的"满"。所以，我们不能局限于自己的某一个优点，要敢于突破自己，才能登上人生的高峰，若自己只满足于片面，不但登不上那人生之巅，甚至会狠狠地摔下，那么怎样才能突破自我呢？

# 虽然脆弱，但也强大

挫折是成功的驿站，要想成功就必须站起来！再痛苦的岁月，只要相信，站起来，世界就是你的。妮可·基德曼曾说，我真的想沉下水，永远沉睡，但是我告诉我自己我不能，我必须站起来。

有人说她是颇具野心的女人——从当年和大名鼎鼎的汤姆·克鲁斯结婚就可见一斑，她借着他的名气一夜之间家喻户晓。也因为克鲁斯，她从那个带着土气、头发蓬松而卷曲、妆容艳丽而媚俗，即便是穿着昂贵的名牌，也常常被媒体讥讽是"将百万美元支票穿在身上"的初来美国的澳大利亚人，变成了一个优雅时尚的"克鲁斯夫人"。因此，花瓶、野心家的帽子扣在她的头上就再也摘不下来了。

2001年，当22岁的少女已经出落成32岁的成熟女人时，他们离婚了。不怀好意的记者纷纷忙于下结论："哦！妮可的幸福神话终结了。"同时出现在各大媒体镜头前的，是前夫和新任女友的甜蜜快照，她则逐渐淡出人们的视野。"和汤姆·克鲁斯的爱情太戏剧化了，很浪漫。我那时只有22岁，是他扶了我一大把。整整10年。就我们两个，我们一起创造了这个虚幻又真实的泡影。但这段经历真实地存在过，在某种程度上，我是在他的影响下成长起来的。"当妮可·基德曼提起前夫时，仍满怀感激之情。

"离婚后，我有如身处地狱，无比黑暗孤单。我的生活几乎崩溃，我常常坐在那里发抖，不停地对自己说：'天哪，我成了孤家寡人了。'我不得不停下来审视自己，想象究竟发生了什么，然后我才意识到，生活使我不得不低头。"

当时外界一直传闻这对夫妻之间没有生养孩子是问题所在，可笑也可悲的是，在这个境遇里，她发现自己怀孕了。离婚，流产，她一度住进了精神病院。而此时，她那个曾经无比温存也无比英俊的著名丈夫，已经迫不及待地挽着新欢的玉手抛头露面了。

当我们就快忘记这个曾经是克鲁斯背后的美丽女人的时候（离婚后的第三个月），她闪着光，以"一个巴黎红灯区的舞娘"身份出现在歌舞电影《红磨坊》中。当时，导演只交给妮可6个字的剧本：她唱她跳她死。她果真将剧本中的性感奔放淋漓酣畅地表现了出来，成为歌舞女神的化身。

这一年，她被好莱坞誉为"最让人惊奇的女星"。毫无疑问，她凭借自己的实力重新获得了人们的认可，当然，这一次她不是以克鲁斯夫人的名义，而是第58届金球奖的音乐／喜剧类最佳女主角以及第74届奥斯卡最佳女演员奖提名。

接下来的两年，对于妮可来说则是丰收年，2003年，在电影《The Hours》中她扮演著名的女作家伍尔芙——穿上邋遢的碎花裙子，戴上硕大的假鼻子，蓬头垢面。妮可在试镜前几个月里读完她的传记和作品，习惯了香烟和喃喃自语。当她出现在银幕上的时刻，人们惊叹："这个时代最伟大的女演员诞生了！"

她以无比信服的力量，带着伍尔芙和她自己的绝望一起步入水中。伍尔芙想要沉入，而妮可必须起来，她从水中挣扎而出，不禁痛哭："那一刻，我真的想沉下水，永远沉睡，但是我告诉我自己我不能，我必须站起来。"

就是这个角色，使妮可获得第75届奥斯卡最佳女演员奖，并同时得到第55届英国学院奖最佳女主角奖，第53届柏林国际电影节最佳女演员奖。这时，她已经彻底摆脱了前夫的光环，成为一个真正的明星。

她在影片《澳大利亚》中更是表现不俗："这部电影对我们都太重要了，我们都选择在我们的故乡寻根，讲我们自己的故事。"

如今妮可生活得简单幸福，她个人在经历感情创伤之后已经清醒地意识到了如何做一个坚强而完美的女人。"我希望自己能在每个清晨醒来时一跃而起，对着镜子说：妮可，那样的磨难和苦楚都不会再来了，即使是再经历一次，我也有把握摆脱。"

是的，我很脆弱，但更多时候我很强大。

人生难免有起落，但人生高度最终取决于你的态度。当你站在人生的顶峰，如果放松压力，觉得自己已经不可战胜了，那么，你还有一个最强的敌人，那就是你自己。当你处于人生低谷时，如果你不站起来，那么你将永远处于人生的低谷。想要爬上山巅，那就一定要有"站起来"的勇气。

# 你是你宠物生命的全部

　　宠物是人类最好的朋友，在你带它回家之前，请你记得，它的生命只有十几年甚至几年。你如果抛弃了它们，将会是它们最大的痛苦。请别对它生气太久，也别把它关起来当作是惩罚，你有你的工作，你的娱乐你的朋友，可是它只有你。

　　宠物只是人生命的一部分，但也许，你是你宠物生命的全部。

　　小时候，爸妈不让养小动物，黄晓敏也许不会想到，在23岁时，会有一间属于自己的宠物医院——雅泰动物医院。2008年7月，黄晓敏刚从华南农业大学小动物医学专业毕业。大学5年间，她用妈妈给的几万元做投资，练就高明的理财本领并积攒了一大笔创业资金，毕业后就开了这个家庭小作坊式的宠物医院。几个雅泰的员工大多是晓敏的学长、同学，她自己既是院长，又是个医术全能手，从看诊、照X光片到上外科手术台、开处方都得心应手。

　　雅泰医院和别的宠物医院有些不同，老一辈的动物医生偏重医疗技术，往往店里的洗澡、美容服务没有经过专业训练便走马上阵了，而美容、商品销售和医疗技术三者齐备的宠物医院，老板往往是商人而不是医生。黄晓敏的目标是做一个顶尖的宠物医生，而不是一个成功的商人。她花了很多财力人力去配置医院的硬件：170平方米的空间，在晓敏的设计下隔出了门厅、美容室、若干诊疗室、手术室和住院部，可防止细菌交叉感染，专人设计的药剂雾化箱、广州宠物医院里并不多见的动物B超、专业的恒温手术台和高频X光机。医院里的很多东西都能给人做化验，连前来发动物医疗许可证的工作人员都对这里的硬件表示赞许。小动物不会说话，疼在哪里只能靠细心、耐心地去观察症状。黄晓敏花大力气做硬件，为的是给小动物们作出最准确的诊断。她并不想把雅泰医院扩大、搞连锁，做一个医术高超、质量可靠的精致诊所，做好街坊生意就够了。

在黄晓敏眼里，兽医是一个特别需要细心和耐心的职业。小动物表现出来的症状都大同小异，可是病因却大有不同，比如狗狗流鼻涕，可能是狗瘟，可能是肺炎，有时候只是支气管炎，不细心观察特别容易耽误病情。黄晓敏曾经遇见过这样一个病例，那只狗狗不停地呕吐，有医生觉得它只是吃错了东西，便按肠胃炎的方法来治疗。送来雅泰医院的时候，他们发现它其实是肉毒素中毒，导致子宫里面灌满了脓液，如果再误诊下去小狗很容易死去。在和宠物主人沟通的时候，他们做动物医生的，也特别需要耐心。小动物们不会说话，只能靠主人和他们的观察来断定病因。比如有只狗狗拉血，可以轻易下"细小病毒导致便血"的诊断，但化验结果出来不是，再追问主人，原来主人给它喂了很多骨头，是尖骨头把肠子划破了。

对每个宠物主人，他们都会不厌其烦地跟主人说明这个小狗品种的来源、它的先天缺陷、这次要怎么治疗、平时要怎么照顾。每一步都说清楚，相当于给爱小动物、但又对自家宠物了解不深的人上了一堂课。

黄晓敏认为如果养小动物，就要给它最好的照顾。"很多人觉得宠物是一种功能性的物品，可以陪伴自己、逗自己开心。其实，宠物是一条生命，要对一条生命负责不是那么简单的事情。如果你没有准备充分的知识、没有充足的时间，我建议就算再喜欢也不要随便去养小动物。"

黄晓敏自己最喜欢像藏獒、英国斗牛犬这类不会吵闹的大狗狗，如果它样子蠢蠢丑丑、但实际上很聪明就更好了，她的爱犬阿煲就是这样。阿煲是3个月大的牛头梗，它没事儿爱喝上两盅，啤酒、清酒不在话下，酒量奇好。困了便把头塞在两个垫子间，沉沉地睡去。她每天带着阿煲上班，爱护阿煲就像照顾一个小婴儿一样。

黄晓敏还是广州小动物兽医学会的成员，刚从香港开完世界兽医皮肤病学大会回来。她在会上认识了香港爱护动物协会的人，准备跟他们合作，做一些保护内地动物福利的事情。她感叹国外的动物医疗行业已经成熟到分专科就诊了，国内还存在行内恶性竞争的情况。她正和一些志同道合的师兄妹策划一个宠物医院的合作联盟，比如分享病历、医疗支持等等。

主诊医师兼美容师黄嘉是黄晓敏的师兄，擅长给小动物扮靓的他自己不怎么爱打扮。爱吃麻辣火锅的黄嘉小时候的理想是当个厨师，从小惧怕狗的他学了宠物美容之后，居然能够对付学校和实习单位里最凶最狠的狗。他的秘诀是狗狗凶人一般是害怕或单纯憎恨某一类人，比如有的狗狗讨厌老人、有的狗狗不喜欢路上走得比自己快的人。保持镇定，掌握多种制服方法，他现在对狗已经完全没有心理障碍了。

黄嘉的手背手臂上散布着十几个伤痕，有的是给狗狗剪指甲时被抓伤，有的是被害怕的狗狗咬伤。宠物美容师不是份轻松的工作，他的同学大部分都转行了。休息时间不稳定、一个人面对大型犬时需要力气等等还是小辛苦，遇到宠物赛事，更要一个通宵不眠不休小心翼翼地给赛犬打理毛发。但当看到一只脏脏的小狗变得精神又漂亮，心里的成就感让他觉得很值得。

黄嘉曾经在香港修读过由北美洲工作犬协会开设的宠物美容课程，并曾帮助香港警察训练警犬。他最擅长给贵妇犬做美容，它们毛量多，容易变出许多不同的款式。他曾经把一条贵妇犬变成一条史纳莎，或者把一条长毛的史纳莎变成身上长着鬃毛的小驴子！最好玩的一次是在香港时，有一位红头发客人要求把自己的狗狗剃成贝克汉姆的"莫西干"头，还要染成红色，因为那天晚上红头发客人要带自己的狗狗去参加一个舞会。"其实就像亲子装一样，越来越多的主人们会喜欢宠物和自己有配套的装扮。"对宠物美容潮流，黄嘉如数家珍。

黄嘉自己的狗狗阿Pat是一只两岁的京巴，幼时与恶犬搏斗时被弄瞎了一只眼睛。阿Pat对黄颜色水果不可抗拒，它刚做完绝育手术，脾气凶凶的。

实习生林怀俊是广西柳州畜牧兽医学校的学生，在医院里跟着专业医生们学美容、配药、照顾生病的小动物，让他觉得收获很大。林怀俊最近照顾时间最长的是一条叫多多的吉娃娃，5岁的多多坚强、友善又自大，被一位退休老人送来时，它的盆骨粉碎性骨折，骨头碎成了5块以上，大小便不能自理。经过5个多小时的盆骨重塑手术和3周多的时间保养，多多的直肠、尿道不再被压迫，它已经能用3条腿跳着走，生活基本自理了。

林怀俊记得实习时，还有一只叫丑丑的狗，因为患了瘟疫进院治疗，本来已经治愈，可就在准备出院的时候突然病发，全身抽搐。他们发现病菌已经侵入它的神经，治愈的机会不到10%，坚持治疗了两天还是不行，最后和它的主人商量安乐死。做了这个决定之后，女主人在医院里哭了很久很久。林怀俊远远地陪着她，坐了很久。

他最想做的是专业的美容师，帮宠物做美容的发挥空间很大，既需要创意，又需要有出色的沟通能力，让宠物主人接受自己的构思。在他看来，这很具挑战性。

主诊助理区杨每次手术完毕之后，会一个人静静留在手术室，把所有手术刀用湿布干布全部擦拭两遍，归类消毒存放。他最喜欢那种"乖乖的，你工作时它会安静地坐在你旁边一整天"的狗狗。24岁的他是黄晓敏的同班同学，在医院负责协助主诊医生看诊、手术。区杨自懂事以来家里就不断有动物在身边跑来跑去，最多时有三代同堂的8只猫共处一室。现在养的宝宝是条5岁大的博美，爱吃鸡肉，不爱下地，喜欢窝在袋子里被人拎着上街，在家则会霸占住一块个人地盘，对任何前来骚扰的陌生人凶面以待。区杨是医院里网瘾最为厉害的，他酷爱打机，可以在电脑前坐成一尊雕塑，宅久了便爱出去玩卡丁车、保龄球和桌球。听区杨说话，会感觉到他强烈的动物不分等级的观念，他对有些主人养名牌狗给自己贴金的行为有些愤愤不平，他觉得，只要养的方法对了，任何一条狗都可以精神又漂亮，"真的喜欢动物，就算一条土狗也可以养得很欢喜。"

兽医对他来说是一份很累但又很神圣的职业。"做兽医有很大心理负担，比较容易受到打击，要有一定觉悟才做得好。"在他和同事们看来，无论人还是动物，都是生命，他们会从拯救生命的角度出发，做好本职工作。在不得已要给一只小动物执行安乐死的时候，心里会非常的矛盾。

就这样，这些仁心仁术的动物医生，同时也是20刚出头的年轻潮人，每天和小动物为伴，在大家庭式动物医院里快乐地工作、生活。他们做完手术后会赶紧擦上润手霜，会把手上的贵表脱下来给狗狗戴，每天和自己的宠物一起上下班，带小动物病人和宠物一起散步……医院里处处洋溢着青春快乐的气息。

他们很年轻，但一丝不苟地对待每一个前来就诊的小生命，决定把自己与另一种生命紧紧相连。就像主诊助理区杨所说——宠物只是人生命的一部分，但也许，你是你宠物生命的全部。

在这个一定同时充满了悲伤和感人气氛的动物医院里，青春故事其实才刚刚开始。


现在，越来越多的人开始关注流浪小动物，不少人还怀揣一颗爱心收养流浪猫狗，这是个人的自由，别人无权干涉。但这种爱心应建立在力所能及的基础上，如果超出了个人承受的范围，可能就会适得其反了。从这一点上讲，收养流浪小动物需要理性，切不可凭一时的冲动和怜悯行事。善待这些猫狗宠物，体现了一个民族的精神，善待它们，其实就是善待我们自己。

# 别样的温暖

纵观迟子建的文学创作生涯，三次获得鲁迅文学奖，一次获得茅盾文学奖，放眼全国文学界，仅此一人，同时她还两次获得冰心散文奖及澳大利亚"悬念句子奖"等国内外众多奖项，完美完成从"小女子"到大作家的转变。

作家把自己看小了，世界就变大了；把自己看大了，世界就变小了。对任何人来说都这样。

44岁的迟子建凭借《额尔古纳河右岸》获得第七届茅盾文学奖。2008年11月2日，颁奖典礼在茅盾故乡浙江桐乡乌镇举行，迟子建身穿白底黑花风衣，成为现场一道亮丽的风景。

"那些没有获得本届茅盾文学奖的一些作家和他们的作品，如轮椅上的巨人史铁生先生，他们的作品也值得我们深深尊敬。"

[自己能成为作家吗]

1964年正月十五，风雪黄昏，迟子建出生于黑龙江畔人烟稀少的漠河——一个被称为北极村的中国最北端的村落。那时，父亲迟泽凤是镇上的小学校长，好诗文，尤其喜欢曹植名篇《洛神赋》，而曹植又名子建，因此，给女儿取名"迟子建"，希冀她将来能有曹植那样的旷世文采。

迟父写得一手好字，是村里文化水平最高的人。每逢年节，家家户户都拿着红纸找老师写对联。迟子建后来说："我依然记得红纸上墨汁泻下来的感觉，父亲让我明白了小镇之外还有另外一个世界。"

寒地漠河，地处北纬53°左右，地下是永久冻土层，是中国著名的"高寒禁区"。漫长的冬季，村民们喝完二锅头，总喜欢围在火炉旁胡吹神侃，有时候也讲些张牙舞爪的鬼故事，吓得子建头皮发麻，心惊胆战，直往母亲怀里钻。在她的童年里，这个世界不但有人类，同时也有鬼魂、有神话，比邻而居。那些故事生动、传神、洗练，充满着对生死情爱的关照，具有悲天悯人的情怀，完成了她最初的文学启蒙。

迟子建小时候是在外婆家度过的，最喜欢生机勃勃的菜园。由于无霜期太短，当一场猝不及防的秋霜扫荡过来，所有充满生机的植物都成为俘虏，一夜凋零，令年幼的迟子建痛心和震撼。她后来曾说过："我对人生最初的认识，完全是从自然界一些变化感悟来的，从早衰的植物身上，我看到了生命的脆弱，也从另一个侧面，看到了生命的淡定和从容，许多衰亡的植物，翌年春风吹又生，又恢复了勃勃生机。"

除了植物，迟子建的亲人邻友善良、隐忍、宽厚，拥有随遇而安的平静和超脱，让她觉得虽然天寒地冻，但生活到处充满融融暖意。

中学时代，迟子建的作文常被老师当范文在班里朗读。高考时，迟子建写一个女学生高考不中，受不了压力而自杀的故事，她认为写得荡气回肠，结果作文因"跑题"，只得了8分，她来到了大兴安岭师范学校。在这个没有围墙的山城学校，面对山林、草滩和天空，她真正做起了作家梦。

迟子建畅游书海，广泛涉猎，喜欢鲁迅、川端康成、屠格涅夫……1983年，师范尚未毕业，迟子建便开始学写小说，兴致勃勃徒步进城，去邮局将稿子寄出，望眼欲穿地等待。她寄给南京《青春》的稿子均石沉大海，一时有些迷茫。自己能成为作家吗？

她又构思好一篇小说，怕影响别人，就点燃蜡烛，连夜趴在蚊帐里赶写，烟熏火燎，手臂酸麻，等到第二天晨光熹微，白蚊帐都熏成了黑色，连鼻孔都成了"矿井"。这篇小说被《北方文学》编辑宋学孟欣赏，大为鼓励。至此，迟子建的处女作终于发表，突破坚冰。

## [世界上并不只有我一个人在痛苦]

从此，迟子建开始断断续续地记载记忆深处的童年生活，20岁那年，把它整理成中篇小说《北极村童话》，小说定于发表在1986年2期的《人民文学》上。但在这时，不幸猝然而至。

1985年底的寒冬，五十多岁的父亲突患脑出血，一病不起，只想看看女儿发表在《人民文学》上的小说，但当时尚未发表，父亲憾别尘世。当那期《人民文学》姗姗来迟，迟子建悲情难抑，元宵节还买了一盏六角玻璃灯，送到父亲的墓地……

《沉睡的大固其固》《北国一片苍茫》《葫芦街头唱晚》等早期作品，无一不是她在长大成人之后，对于困惑、苦闷的生活所引发的一点思索。迟子建把北方风物写出了温度，"我的手是粗糙而荒凉的，我的文字也是粗糙荒凉的。"

1987年，迟子建考入北京师范大学与鲁迅文学院联办的研究生班学习，1990年毕业后到黑龙江省作家协会工作至今。1996年，迟子建的《雾月牛栏》摘取了鲁迅文学大奖，备受瞩目。她在发表获奖感言时表示："我并不要成为惊天动地的作家，我的理想只是拥有一个稳定的家，写一些自己喜欢的东西。"

迟子建34岁那年，与黄世君结婚，她说："我不属于对生活要求很高的女人，只是我的缘分到得晚。"

婚后虽然分居两地（她在省城哈尔滨搞创作，爱人在塔河任县委书记），但他们感情一直很好。1999年5月3日，一场意外车祸，夺去了丈夫的生命，迟子建陷入巨大悲痛中不能自拔。最初的日子里，她常会不由自主地拨打丈夫的手机……电话里一遍遍传出的，总是冷冰冰的提示音："对不起，您拨打的用户已关机。"她欲罢不能，直到有一天听筒传出的声音，变成"您拨叫的号码是空号"，她终于意识到一切已无法挽回。

迟子建推掉所有笔会的邀请，在哈尔滨闭门独自待了4个月，盛夏最热那几天，她却觉得周身寒彻，穿着很厚的衣服枯坐书房，每当午夜梦回，惊叫着醒来，抚摩着旁边那只空荡荡的枕头，觉得自己是那么孤立无援。面对市井嘈杂之声，她第一次觉得世界仿佛与己无关。她终日以泪洗面，不无遗憾地回忆道："如果我能感悟到我们的婚姻只有短短的4年光阴，我绝对不会在这期间花费两年去创作《伪满洲国》，我会把更多的时光留给他……"

迟子建知道必须直面这种突变和打击，勇敢地活下去。她希望能够重新拿起笔来写作，然而她只写一行，便潸然泪下。那支笔是爱人送她的结婚礼物，笔犹在，人已去，情何以堪？

对于过往的日记，迟子建不敢回头去翻，但会经常翻看两人在一起的照片。用一部部小说和一篇篇散文排遣忧伤。2002年，她三个月写就一部长篇《越过云层的晴朗》。中篇《世界上所有的夜晚》，她也只写了一个月。

"我想把脸上涂上厚厚的泥巴，不让人看到我的哀伤。"这是第四届鲁迅文学奖获奖作品《世界上所有的夜晚》的开头。

这部小说里，女主人公车祸中辞世的丈夫是名魔术师。"他留给我的，就剩一个魔术师的幻象了。一切都像是魔术。他为我开启了一个五光十色的世界，可那世界转瞬即逝。"

"我"在独自远足时遭遇山体滑坡，列车停靠在一个盛产煤炭和寡妇的小集镇，"我"目睹了许许多多底层劳动人民的"悲哀"，以及他或她"面对悲哀的不同态度"。迟子建怜惜女主人公邂逅的每一个角色："和他们的痛苦比，我的痛苦是浅的。生活并不会因为你是作家，就会对你格外宠爱一些。作家把自己看小了，世界就变大了；把自己看大了，世界就变小了。对任何人来说都这样。"

"世界上并不只有我一个人在痛苦。"迟子建在接受笔者采访时，这句话重复了多次。但她同时强调，"如果你仅仅只从《世界上所有的夜晚》里看到痛苦，那就是我的失败了。"

三获"鲁迅文学奖"，在许多人眼里是个奇迹，但在迟子建看来就似"一阵一阵风吹过脸庞"："风吹在脸上很舒服，但如果风不吹过来，人也照样往前走。"

[来到这个颁奖台的不仅仅是我，还有我的故乡]

2004年，迟子建看到一份报纸上有一篇文章记叙鄂温克画家柳芭的命运，写她如何带着才华走出森林，最终又满心疲惫地辞掉工作，回到森林，在困惑中葬身河流的故事。看完这篇文章后，灵感来了，迟子建决定动笔写这个民族的历史。这年8月，迟子建到根河市通过追踪驯鹿的足迹找到了山上的猎民点，找到了笔下女酋长的原型，探望了柳芭的妈妈，倾听他们内心的苦楚和哀愁，听他们歌唱。

迟子建用了整整三个月的时间集中阅读鄂温克历史和风俗的研究资料，做了几万字的笔记。在小说中迟子建最欣赏的角色是年近九旬的女酋长和女萨满（从事北方一种原始宗教的人），迟子建说："她们对苍茫大地和人类充满了悲悯之情，她们苍凉的生命观，从容镇定的目光，不畏死亡的气节深深感动着我。""这部小说浸润着我对那片土地挥之不去的深深依恋和对流逝的诗意生活的拾取，在气象上极为苍茫。把历史作为'现实'来看待，作品才会有力量。"

2006年，北京十月出版社推出迟子建的长篇小说。

致答谢词时她说："一个人也许不该记住荣誉的瞬间，但我要坦诚地说：这个时刻、这个夜晚会留在我的记忆当中。因为我觉得来到这个颁奖台的不仅仅是我，还有我的故乡，有森林、河流、清风、明月，是那一片土地给我的文学世界注入了生机与活力。我要感谢大兴安岭的亲人对我的关爱，还要感激一个远去的人——我的爱人，感激他离世后在我的梦境中仍然送来亲切的嘱托，使我获得别样的温暖。"

有人说，迟子建的作品有着和张爱玲一样的苍凉。只不过张爱玲的苍凉是南方式的，如繁华和热闹背后一针见血、冰凉砭骨；而迟子建的却是北方式的，硬朗，朴拙，像冬天的猎猎长风，可又冬去春来，春风化雨，温情脉脉。但事实上，不管怎样，一个作家关键在于拥有自己。而作为普通人，同样如此！

# 任何事情都要以身作则

曾国藩在自己的书信和日记中，多次提及康熙皇帝的一句话："凡是担负着训导人、管理人的责任的人，一定要自己以身作则。"读过这句话后，他格外认真地记录在日记中，时刻提醒自己。

美籍华裔物理学家李政道博士1940年到美国读研究生，他的导师是大师级的物理学家费米教授。费米教授每周用半天时间跟李政道讨论问题，他的主要目的是训练，让学生对一切物理问题都能够自己独立思考，找到答案。费米每次讨论时都问问题，让李政道回答。

有一次，费米问李政道：太阳中间的温度是多少？李政道答：大概是一千万绝对温度。费米问：你是怎么知道的？李政道说：是从文献上看来的。费米问：你自己有没有算过？李政道答：没有，这个计算比较复杂。费米告诉李政道：作为一个学者，这样不行，你一定要自己思考和估计，你不能这样接受人家的结论。李政道问：那怎么办？这里面有两个公式，看起来倒也不是很复杂，真要算起来，却并不那么简单。费米说：你能不能想一个其他的方法来计算？李政道说：想什么办法呢？没有大计算器。费米说：我们一块来做一个大的计算器。费米教授当时正在做着很重要的物理实验，跟做计算器一点关系也没有，但是他放下手中的实验，与李政道一起做了计算器。

不久，全世界唯一的、专门用来做大计算的计算器做好了，李政道用自己的计算器，用新的方法计算出了太阳中间的温度。

李政道博士在一次讲演中专门讲到这个故事。他说，费米教授看重的，并不仅仅是做这样一次计算，他是让学生明白，作为一个科学家，你不能轻易接受别人的结论，你必须自己亲手实验，而且要尝试使用新的方法。

这件事情让李政道博士一生受益无穷。李政道博士说，自己是幸运的，在学生时代有幸碰上了费米教授。这件事情使自己得出任何事情都要以身作则的人生结论。使自己在以后无论学术研究还是做人处世当中，都始终坚持脚踏实地，想新方法，同时也启发了自己对科学研究，解决问题的兴趣。

李政道博士说，自己现在带研究生沿用的就是费米教授的教学方法，用一定的时间与学生讨论问题，培养学生探讨解决问题的兴趣，因为一个人，只要当他对所从事的事业有了浓厚兴趣的时候，才会全身心地投入，才能够有所发现。


有些事情，只有经历了，才有穿透心扉的体验。而对于科学研究，更是如此，必须要亲自体验，才会有更直观的数据和印象。也唯有如此，脚踏实地，坚持不懈，才是值得倡导的科研精神。

# 掩在灰尘下的成功

就我们来说，心灵不是我们的头脑，也不是我们的心脏，总之，它不是我们的肉体，但就在我们的头脑里，在我们的心脏里，在我们的每一寸肌肤里。如果心灵蒙上了尘埃，那么会怎样？

一粒灰尘能怎么样？

它使得匹克林十几年的努力付诸东流。在天文学家洛书尔预言在海王星外有一颗尚未发现的行星后，匹克林用望远镜拍照观察了十几年，却一无所获。直到冥王星被发现后，他才恍然记起自己拍的照片上有这个点，只是当时他记得镜头上有粒灰尘，正在如今冥王星的位置上。

就是这粒灰尘，让第一张冥王星的照片静静躺了11年，也让匹克林错过了发现冥王星的机会。

同是一粒灰尘，却让弗莱明发现了青霉素。在他之前，很多人都注意到了霉菌抑制葡萄球菌现象，可是都没有能继续深入研究下去。他在培育菌种时，飘来一粒灰尘，落到了培养皿中，结果受到污染的霉菌周围清澈透明，葡萄球菌繁殖区域的黄颜色消失了……原来在灰尘中生成了青霉菌。就这样，弗莱明发明了抗菌新药——青霉素。

不过，真的是那粒灰尘叫匹克林功败垂成，而让弗莱明功成名就吗？镜头上是落上了灰尘，但更主要的原因是匹克林心上也落上了灰尘，他认为冥王星不可能运行在灰尘所在的区域中，否则他怎么会吝惜那丝吹灰之力呢？！而当那粒灰尘飘到培养皿里时，弗莱明心上并没因此蒙上灰尘，要不严谨的他怎能不把它倒掉从头再来呢？！

很多时候，不是因为灰尘使得我们作出了否定，而是因心中有了那粒隐形的灰尘，让我们自己先否定了自己。它的危害更甚于外界有形的灰尘，它蒙蔽了真相，减弱了我们的洞察力，使我们的反应迟钝。而外界真正的灰尘更使得我们坚信作出否定的正确性，却全然不觉近在咫尺，就掩在灰尘下的成功。

世界灰尘蒙蒙，而只有那颗慧心不曾蒙尘的人，才能发现生活的缤纷色彩，品尝到成功的喜悦，并为之陶醉。恰如弗莱明于纷乱之中，以其不染尘的睿智，从那粒纤小的灰尘上，抓住了成功的机会一样。

所以，那粒灰尘可以落到镜头上，落到培养皿里，落到任何地方，却一定不要让它落到心上，因为我们本来就是用心来观察触摸这个世界的呀！

时不时清理一下心灵的灰尘会是一种享受，是一种需要，是一种智慧，是一种乐观人生态度。清理好心灵的灰尘，在人生之路上再次扬帆起航，你将飞得更高、更远。一切都会过去的，无论是好是坏都会成为过往，何必纠结于自己的现状，让灰尘封锁了自己的心灵？

# 为了一种精神

在物欲横流的当今社会，很多人追名逐利，早已忘了民族精神。民族精神是一个民族在历史长期发展当中，所孕育而成的精神样态，它是一个民族的生命，是一个民族的独特人格的彰显，是一个民族的根本。

南京乐团招考民族器乐演奏员，其中有一名木笛乐手。

应试者人头攒动，石头城气氛热烈——这是一个国际级乐团，它的指挥是丹麦音乐大师，这位卡拉扬的朋友长期指挥过伦敦爱乐乐团，要求苛刻，竞争残酷。应聘者清一色是中国乐坛高手，其中不乏在海外深造或在国际获奖的天才。其实，就是把报名者组织起来，也可以组成一个实力强劲的艺术团了，更何况选拔？

招考分初试、复试和终试二三轮。两轮过后，每一种乐器只留两名乐手，两名再砍一半，二比一。

终试在艺术学院阶梯教室。

房门开处，室中探出一个头来。探身者说："木笛。有请朱丹先生。"声音未落，从一排腊梅盆景之间站起一个人来。修长，纤弱，一身黑色云锦衣衫，仿佛把他也紧束成一棵梅树，衣衫上的梅花，仿佛开在树枝上。走进屋门，朱丹站定，小心谨慎地从绒套中取出他的木笛。之后，抬起头，他看见空蒙广阔之中，居高临下排着一列主考官。主考官正襟危坐，不苟言笑，那个态势，与其说是艺术检测，倒不如说是法律裁决。

主考席的正中，就是那位声名远扬的丹麦音乐大师。大师什么也不说，只是默默打量朱丹，那种神色，仿佛罗丹打量雕塑。半晌，大师随手从面前的一沓卡片中抽出一张，并回头望了一下坐在身后的助手。助手谦恭地拿过卡片，谦恭地从台上走下来，把那张卡片递到朱丹手中。

接过卡片，只见上面写着——第一项指定科目在以下两首乐曲中任选一首以表现欢乐：

1. 贝多芬的《欢乐颂》；

2. 柴可夫斯基的《四小天鹅舞》。

看过卡片，朱丹眼睛里闪过一丝隐忍的悲戚。之后，他向主考官深深鞠了一躬，抬起眼睛，踌躇歉疚地说："请原谅，能更换一组曲目吗？"

这一句轻声的话语，却产生沉雷爆裂的效果。一时，主考官有些茫然失措起来。片刻，大师冷峻地问："为什么？"朱丹答："因为今天我不能演奏欢乐曲。"

大师问："为什么？"朱丹说："因为今天是12月13日。"大师问："12月13日是什么日子？"朱丹说："南京大屠杀纪念日。"

久久，一片沉寂。

大师说："你没有忘记今天是考试吗？"朱丹答："没有忘记。"大师问："你没有忘记今天是什么考试吗？"朱丹答："没有忘记。"大师说："你是一个很有才华的青年，艺术前途应当懂得珍惜。"朱丹说："请原谅——"

没等朱丹说完，大师便向朱丹挥了挥手，果决而又深感惋惜地说："那么，你现在可以回去了。"

听到这句话，朱丹顿时涌出苦涩的泪。他流着泪向主考席鞠了一躬，再把抽出的木笛小心谨慎地放回绒套，转过身，走了。

入夜，石头城开始落雪。

没有目的，也无须目的，朱丹追随雪片又超越雪片，开始他孤独悲壮的石头城之别。贴着灯红，贴着酒绿，贴着作为一座现代大城市所应该具有的特征，朱丹鬼使神差一般走到鼓楼广场。他穿过广场，他又走向坐落在鸡鸣寺下的南京大屠杀死难同胞纪念碑。

临近石碑是一片莹莹辉光，像曙色萌动，像蓓蕾初绽，像彩墨在宣纸上的无声晕染。走近一看，竟然是一队孩子的方阵，有大孩子，有小孩子；有男孩子，有女孩子；他们高矮不一，衣着不一，明显是一个自发的群体而不是一支组织的队伍。坚忍是童稚的坚忍，缄默是天真的缄默，头上肩上积着一层白雪，仿佛一座雪松森林。一个孩子手擎一支红烛，一片红烛流淌红宝石般的泪。

纪念碑呈横卧状，像天坛回音壁，又像巴黎公社墙。石墙斑驳陆离，像是胸膛经历乱枪。顷刻之间，雪下大了，雪片密集而又宽阔，仿佛片片丝巾在为记忆擦拭锈迹。

伫立雪中，朱丹小心谨慎地从绒套中取出木笛，轻轻吹奏起来。声音悲凉隐忍，犹如脉管滴血。寒冷凝冻这个声音，火焰温暖这个声音。坠落的雪片纷纷扬起，托着笛声在天地之间翩然回旋。

孩子们没有出声，孩子们在倾听，他们懂得，对于心语只能报以倾听。

吹奏完毕，有人在朱丹肩上轻轻拍了一下，回头一望，竟然是那位丹麦音乐大师。大师也一身白雪，手中也擎着一支燃烧的红烛。

朱丹十分意外，他回身向大师鞠躬。

大师说："感谢你的出色演奏，应该是我向你鞠躬。"

朱丹说："考场的事，务必请大师原谅。"

大师说："不，应该是我请求你的原谅。现在我该告诉你的是，虽然没有参加终试，但你已经被乐团正式录取了。"

朱丹问："为什么？"

大师略作沉默，才庄重虔敬地说："为了一种精神，一种人类正在流失的民族精神。"

说完，大师紧紧握住朱丹的手。朱丹的手中，握着木笛。

朱丹情愿放弃自身的美好前程，也不忘记旧中国所受的屈辱，这是一种难能可贵的爱国精神，卓越的民族气节。他的行为感动了考官，也感动了我们。作为一名中国人，我们要永远记住自己是龙的传人，要永远把祖国、民族放在第一位。

# 期望越小，失望越小

人生不如意事十之八九，往往期望越大失望就越大。期望与失望都是人生当中需要经历的，我们要用正确的态度来面对。除此之外，我们在期望之时，还可以把目标定小，那么即使失败，失望也不会很大。

2008年11月8日，从美国纽约飞往法国巴黎的一架波音747客机上，坐满了乘客。

再过一个多小时，旅途就将结束，飞机就要降落在巴黎机场上了。乘客们开始兴奋起来，整个机舱里显得有些热闹。

就在这时候，机长接到了巴黎机场的紧急通知："由于机场拥挤，飞机暂时无法降落，着陆时间很可能推迟一小时，但机场将尽最大努力争取飞机接近正点时间着陆。"

机长想，如果将这个通知原原本本地广播出去，一定会引起乘客的不满。于是，他想到了坐在头等舱里的哈佛大学心理学家，决定请心理学家帮助妥善处理这个棘手的问题。

机长接受了心理学家的建议，让乘务人员向大家报告："由于巴黎机场拥挤，飞机暂时无法降落，着陆时间很可能推迟近两小时。因此给大家带来了不便，请各位谅解。"

乘客们听到广播后感到十分惊讶与气愤："太不像话了！""着陆时

间怎么能推迟近两小时？太不准时了！"顿时，机舱里一片抱怨声。

可是，刚刚过了5分钟，机长按照心理学家的建议，让乘务人员又向大家报告："告诉大家一个好消息，本班飞机的晚点时间将由两小时缩到一个小时。"

听到这个消息，几乎所有的乘客尽管怒气难消，但都如释重负地松了一口气，觉得熬一个小时要比熬两个小时好多了。

又过了半个小时，机长又接到了巴黎机场的紧急通知："飞机基本可以准时着陆了，只晚点8分钟。"

机长与心理学家商量后，又按其建议，让乘务人员向大家报告："再告诉大家一个好消息，本班飞机的晚点时间将由一个小时缩短到半个小时。"

听到这个消息，所有的乘客全都感到轻松了许多，觉得晚半个小时总要比晚一个小时好多了。

又过了几分钟，机长按照心理学家的建议，让乘务人员再次向大家报告："再告诉大家一个好消息，本班飞机的晚点时间将由半个小时缩短到8分钟。"乘客们听后，几乎个个喜出望外，拍手称快。虽然飞机晚点了8分钟，但乘客们却感到非常庆幸和满意，简直比正点着陆还要高兴……

心理学家要离机的时候，机长代表全体机组人员向他表示感谢，并向他请教："为什么这样做竟然收到了意想不到的好效果？"

心理学家微笑着说："如果乘客对正点到达的期望越高，对晚点到达的失望就越大。如果乘客对正点到达的期望越小，对晚点到达的失望也就越小。我们先将乘客对正点到达的期望值降下来，然后再不断地满足他们的期望。这样一来，他们的抱怨就变成了宽容，失望就变成了期望，扫兴就变成了庆幸，甚至是高兴了。"

不要给自己太多的期望，让自己活得轻松一些。期望少了，失望也就减少了。但这并不意味着我们要抛弃期望。人总要有些期望，才会有动力活下去。正确对待人生中的期望与失望，不要被期望冲昏了头脑，也不要被失望打垮。心中怀有期望，勇敢面对失望，才能走好人生路上的每一步。

# 创意测试

　　我们都是平凡的人，从事的都是烦琐琐碎的工作，千篇一律。日子久了，就会厌烦和懈怠，就会失去自己的想法，就会按照别人的方式应付了事。这样，我们心中的激情就会慢慢泯灭，工作的积极性就会逐渐消失，从而失去前进的动力。

　　第二次世界大战时，美国军方委托著名的心理学家桂尔福研发一套心理测试，来挑选飞行员。结果很惨，通过这套测试的飞行员，训练时成绩表现都很优秀。可是一上战场，就被击落，死亡率非常高。

　　桂尔福在检讨问题时，发现那些身经百战打不死的飞行员，多半是由退役的"老鸟"挑选出来的。他非常纳闷，为什么专业精密的心理测试，却比不上"老鸟"的直觉呢？其问题出在哪儿？

　　桂尔福向一个"老鸟"请教，"老鸟"说："不如你和我一起挑几个小伙子看看？"

　　第一个年轻人推门进来，"小伙子，如果德国人发现你的飞机，高射炮打上来，你怎么办？""老鸟"发出第一个问题。

　　"把飞机飞到更高的高度。""你怎么知道的？""作战手册上写的，这是标准答案啊，对不？"第一个菜鸟走出去后，进来第二个菜鸟。"老鸟"问了同样的问题，"呃，找片云堆，躲进去。"

　　"如果没有云呢？"

"向下俯冲，跟他们拼了！"

"作战手册你都没看？"

"作战手册我看了。但太厚，有些记不清。"

等菜鸟走出门，"老鸟"转过身来问桂尔福："教授，如果是你决定，你要挑哪一个？"

"嗯，我想听听你的意见。"

"我会把第一个刷掉，挑第二个。""老鸟"说。

"为什么？"

"没错，第一个答的是标准答案，但是，我们知道标准答案，德国人不知道吗？所以德军一定故意在低的地方打一波，引诱你把飞机拉高，然后真正的火网就在高处等着你。这样你不死，谁死？"

"第二个家伙，虽然有点搞笑，但是，越是不按牌理出牌的小子，他的随机应变能力反而越好。"

桂尔福经此教训，重新改造他的测试。新的测试就会问"如果你有一块砖头，请说出50种不同的用途"等此类激发创意的问题。桂尔福不仅为美国选出真正优秀的飞行员，也因此创造了"创意测试"，成为现代创意活动之父。

我们的生活需要创新，我们的社会需要创新，我们的国家和民族需要创新。一道问题，会有不同的解答方式，也会有不同的答案。若只有一种答案，那么我们就要从主观方面看看我们是不是思想僵化，是不是被局限在框框里了。因此，创新还应破除旧观念，只有这样，我们才能走出自己的一片天地。

# 掌握自己的命运

　　一块普通的钢板价值5美元，如果把这块钢板制成马蹄掌，它就价值10.5美元；如果做成钢针，就价值3550.8美元；如果把它做成手表的指针，价值就可以攀升到25万美元。这种变化过程，其实就是自身价值的提升过程。那么，你想不想掌握？

　　年轻的亚瑟王遇上埋伏，吃了败仗，邻国的国王将其囚禁起来。国王没有马上杀他，但提出了一个很难回答的问题，如果亚瑟能够回答，就放了他。亚瑟将有一年的时间思索这个问题，假如一年之后，仍没有答案，他将被处死。邻国国王的问题是：女人最想要的是什么？

　　这个问题甚至会让最有学问的人困惑不解，而对于年轻的亚瑟来说，要想答得正确简直连门也没有。但是既然答题比立刻就死要好，他接受了到年末拿出答案的要求。

　　他回到了自己的王国，开始咨询所有的人：公爵夫人、妓女、牧师、聪明人和宫廷中逗乐的小丑。总之他向每一个人请教，但没人能给他一个满意的答案。后来有人建议他去向一位老女巫讨教，她是全国著名的女巫，讨教者必须付出特别高的代价，她才肯交换答案。

　　到了这一年的最后几天，亚瑟只有去问老女巫一条路了。她同意回答亚瑟的问题，但是亚瑟必须接受她的要求——她想嫁给高文，亚瑟最亲密的朋友，圆桌骑士中最高尚的一位骑士。

年轻的亚瑟惊骇了，那女巫长得很丑陋，她是个驼背，仅有一颗牙齿，浑身上下冒着臭水沟一样的气味，还经常弄出一种让人恶心的噪音……他从未碰到过这么令人讨厌的人。他拒绝去强迫他的朋友和老女巫结婚并终生承担这样一个重负。

高文知道这个求婚对他意味着什么，但仍对亚瑟说，没有什么不幸能比得上牺牲亚瑟的生命及其对圆桌骑士的保护。因此他们的婚礼被诏告天下，老女巫回答了亚瑟的问题：女人最想要的是掌握自己的命运。

每一个人都立刻明白了女巫的回答完全正确，亚瑟的生命获救了，邻国的国王完全恢复了他的自由。

高文和那个女巫举行了婚礼，亚瑟在自己获救的安慰和朋友受害的痛苦之间被撕裂了，但高文仍像往常那样举止适当，儒雅从容，彬彬有礼。女巫依旧我行我素，弄得每一个人都不舒服。太阳落山了，高文鼓起勇气要度过一个可怕的洞房花烛夜，进入卧室，一个什么样的景观等待着他呢？他今生所见过的最漂亮的女人躺在他面前的锦褥之上。

高文大吃一惊，忙问发生了什么事情。那女人回答："既然你对我这么好，我就要让你看到一个女人最美好的一面。我在一半的时间里是一个丑陋可怕的女巫，另一半时间是位美丽的处子。你是要我在白天还是在夜晚露出美的一面呢？"

这又是一个残酷的选择。整个白天他和朋友们在一起，如果让妻子露出天仙般美丽的一面，固然是好，但到夜里他就得和恶魔一样的女巫厮守在一起，彻夜惶恐。反之亦然。

高尚的高文说："爱妻，我想让你自己做出选择，无论白天夜晚你以何面貌出现，我都尊重。"

听到这儿，他的妻子道："我将在所有的时间都以美艳的外貌出现，因为你尊重我，让我掌握了自己的命运。"

掌握自己命运的过程，其实就是努力的过程。别人只能扶你一程，扶不了你一生。过了这一程，后面的路还得你自己走。清代书画大师郑板桥有句名言："流自己的汗，吃自己的饭。自己的事自己干，靠天靠地靠祖上，不算是好汉。"

# 你得学会打破常规

鲁迅先生曾说过：这世上本没有路，走的人多了，也便成了路。走出第一条路的人是伟大的，因为他解开了所有人都没有解开的结，打破常规，踏出一条路。于是衍生了康庄大道，人类生生不息。

五年前，我在英国南部的一个商学院念市场运营方向的MBA。

那是一个星期一的上午，来了一个叫罗吉尔的新老师，他准备了一系列问题，全部折成小字条放在盒子里，我们逐个上去抽签，念出上面的句子——通常是一个案例分析或者名词释义，比如"怎样使处在信任危机中的安联保险公司起死回生"，或者"怎样才能在十分钟内让一个完全不懂经济的人理解'边际成本'这个词的含义"之类。到我了，我走上前去——怎样才能吃到真正的苏格兰牛肉？当我小声地念出上面的问题，全班顿时哄堂大笑起来。要知道，为了给新老师留一个好印象，我已经为这堂课准备了整整一个周末！但现在，恐怕再给我十个周末，也很难从任何一本书或者一个案例中找到答案了。

这个老头，他一定是想吃苏格兰牛肉想得快发疯了！我一边暗暗地咒骂着，一边皱着眉头走下讲台。

还好，他给了我们一个星期的时间，下周一再进行检查。

从那天开始，准确地说，是从那节课结束以后，我就陷入了一种盲目的寻找之中。只要一有时间，我就一头扎进图书馆，查阅各种有关牛肉的书籍，但它们和经济的距离实在是太远了，有很多的专业名词我根本都看不懂，更别说找到这样一个奇怪的问题的答案。

到了星期三的下午，通常是篮球训练的时间，我当然没有去——作业还没有完成呢！吃晚饭的时候，我的朋友洛克来了。他是一个来自非洲的黑人小伙子，我们是在打篮球的时候认识的。

"谢，你为什么不去参加训练呢？"

"噢，求求你了，别再逼我了。我都快急死了，哪里还有空去打球啊？"当我讲出我的难题，洛克竟然笑了："小菜一碟啦！不要太着急，我有办法的。相信我吧，一定没问题。"

不是我不信任他，实在是除了打篮球，我真的看不出他有哪一点值得我去相信他。他似乎看出了我的疑虑，拍拍我的肩："没问题就是没问题。反正像你这样天天泡图书馆也是大海捞针，没什么希望的，不如在我身上赌一把吧！就赌一顿苏格兰牛肉怎样？"

到了星期五，洛克还是没有联络我，我有些耐不住了，向篮球队的其他成员打听清楚之后，就径直去了他的宿舍。他和别人在学校的山后合租了一套公寓，门口的院子里种了许多菜，油油的绿色和大朵大朵的花儿，倒也不比那些观赏植物逊色。我在窗外叫了两声，他出来了，手里拿着一个大风筝。

"怎么样？是我自己做的。"他得意地说。

"嗯，真漂亮。"我心不在焉地应付着。

"哈哈，瞧你急成这样，离星期一不是还有两天吗？"

"可是，可是——"我不知该怎样说才好，难道说我对他不够信任吗？

"哎呀，你瞧这么好的天气，我们一块儿去放风筝好了。"放风筝？我都有十年没放过风筝了。他就把风筝塞到我的手上，自己拿着线向山顶上跑去，边跑还边回头："不是说你们中国人最会放风筝的吗？我做风筝就是向一个香港女孩学的。你可要好好帮我一下，我要把它放得很高很高！"

我有些无奈地笑了笑，跟着他往山顶走去。

说真的，那个下午玩得很愉快，风筝很漂亮，飞得也很高。

星期六又是篮球训练的日子，我去了，却一个球也投不进去。星期天学校组织了一场募捐活动，我又在义工的人群中发现了他。他一会儿爬上桌子进行演讲，一会儿整理募捐到的各种钱物，忙得不亦乐乎。募捐活动直到晚上七点才结束。趁他们收拾东西的片刻，我走了过去，"洛克，我明天就要交作业了，答案呢？你想出来了吗？"

"当然啦！你看我像一个不守信用的人吗？"他笑着，露出两排洁白整齐的牙齿，"别忘了，罗吉尔教授问的是'怎样才能吃到真正的苏格兰牛肉'？我已经请一个苏格兰的同学带了一点过来。当然，我不敢肯定那是没有染病的牛肉，但是根据医学调查，食用七成熟的染病牛肉50克以下不会对身体造成任何伤害。所以，嗯——实际上，你得明白，'吃到'和'大吃一顿'是两个完全不同的概念。"

洛克顿了一下，又说："你得学会打破常规。"

结果可想而知，当我在星期一的课堂上讲出答案的时候，我得到了罗吉尔教授赞许的笑容和热烈的掌声。他说，其实他自己也不知答案为何，但他希望我们能有突破性的思维。

他说："谢，你做得非常好！"我想起了洛克，是他做得好，不是我。

三个月以后，英国解除了对牛肉的限制。我和洛克一起，还有罗吉尔教授，在本城最好的牛扒店，吃了一顿极其丰盛的苏格兰牛肉——味道好极了！但是从那以后，我在做市场推广的过程中，曾经遇到过许多看起来"不可能解决"的问题，我总会去找一个西餐厅，叫一块苏格兰牛肉，然后试着让自己像洛克一样轻松，去打一场篮球或者看一场电影，再然后，跳出我们的习惯，打破常规，得到一个最好的答案。

俗话说："当局者迷，旁观者清。"身为局中人的你也可以作为旁观者，清楚对手目的，掌控全局，成为最终的胜利者，想成为胜利者吗？首先要走出常人的思维。敢打破常规是勇气，能打破常规是成功。在所有人都沿袭同一条路时，你另辟蹊径，独辟视角，会获得非凡成功。

# 第三辑 CHAPTER 03

# 每个人都是过客

活在这个世界里，

我们唯一能做的，

便是在活着时，

好好地活着。

# 每个人都是过客

　　人生如同江河，只不过是一段流程，你我都是匆匆过客。既然人生只是一段流程，故也不必有太多的惆怅。万事万物都有"生老病死"的过程，所有的事物都在变幻中走向死亡。没有什么东西可以说永恒，哪怕是我们赖以生存的地球。

　　有两个人的死，曾经强烈地震撼过我。

　　一个是桩子。

　　桩子刚过20岁，生命如初升的骄阳，光芒无比。

　　那天，他锄了一晌的玉米，收工回来，母亲已煮好中饭，看他汗淋淋的样子，就说，把饭端到院子里吃吧。他是一个老实木讷的人，又很孝顺，对母亲言听计从。饭盛在一个瓦盆里，是农村用来和面的那种粗瓷盆。他吃力地端着一大盆的热面条，就往外走。快要出门时，不知是不经意，还是瓦盆实在太沉，他被门槛绊住了，瓦盆从手里滑落到地上，碎了一地。他自己也收不住身子，随之扑了下去，倒在破碎的瓦片上。有一片正好从他的脖颈穿进去，血一下子喷泉般涌出来，他用手去捂，哪里能捂得住，父亲过来拉他，母亲也拿了一条毛巾帮他去堵，可是，没用。血就那样汨汨地流着。渐渐地就流得慢了，他艰难地抬起头，看看父亲又看看母亲："爸……妈……"然后，头垂了下去。开始，谁也不知道这意味着什么，父亲还在为儿子紧捂着伤口，母亲站在院门口扯着嗓子吆喝左邻右舍送儿子去医院，一切都没来得及，他的生命便如烟花般散去。

这就是死，既简单又残忍，脆弱得连一块瓦片也承受不起。它来时，无论你有多么强壮，有多少活着的理由，也只有俯首就擒，没有一点选择的余地。在它面前，生命是渺小的，可怜的。只需要一个瞬间，一切都灰飞烟灭，你的人生，便成为一个曾经来过的回忆。你所拥有的那些辉煌、名利、地位，都再和你无关。

我还目睹了另一个人的死，他是我的外公。

外公生病时，正好是农村人说的"阎王不叫自己去"的84岁。家里人给他操持好了寿衣棺木，单等外公一断气，一个盛大的葬礼就可以开始了。可是，外公不想死，他还有许多的牵挂和未了的心愿。

外公的儿子，即我的舅舅，许多年前离家后，杳无音信，外公怕他的儿子万一哪天回来，找不到自己的家门。于是他一直守在这里，等着儿子归来。

严重的老年性哮喘，折磨得外公无法进食，他就靠输液和一点点饮用水来支撑自己。直到医生在他身上再也找不到一个能扎下针的地方，只得停药。停药后，母亲再用棉签往他嘴里滴水，那水又顺着他的嘴角流了出来，他没有了吞咽的力气。我们都清楚，外公坚持不了几天了，我们静静地等待那最后的时刻。5天过去了，外公没有死，10天过去了，外公依然活着。他安静地躺在那里，眼睛似睁非睁，即便在夜里，他也不紧闭，也许，他是怕一闭上，就再也没力气睁开。没人知道他还有没有思维，唯一能证明他还活着的，是他还在呼吸。那游丝一样细微的呼吸，连一个喷嚏，甚或一个呵欠都经受不起。

20天后，外公平静地睡去了，他只是一个普通的人，他不是神，他改变不了生命最终的结局。

生命的江水，在滔滔东去，却不是每一条江河都能入海。但死亡却是人生早就注定的程式。

生是偶然，死是必然。这是谁也改变不了的事实。生命来时，每个人都未必能做选择。而到了最后，你和这世界挥手道别的一刹那，上帝也不一定会首先征得你同意。哪怕倾其一生财富，你也无法从上帝那里换取一分一秒额外的光阴。

人生，是那么自然、神秘，也那样可悲。一个人的一生最长也不过百年，像黑夜会来临一样，死亡也会随时地不约而至；像严冬无法阻挡住春天的脚步一样，旺盛的生命也遏止不住死亡的莅临。我们祈求活着，但不能不正视死亡。你可以一日日地过着自己安排好的生活，但不要幻想能主宰自己的生和死。在这个世界上，每个人都不过是过客，漫不经心也罢，刻意地安排也罢，你唯一的选择，就是在你还活着的时候，欣然接受生命里的每一个赐予，也坦然承受每一次伤害和磨难。

从生到死，不过是一场梦的距离，有时，漫不经心的一次沉醉，便是你人生的所有意义。

活在这个世界里，我们唯一能做的，便是在活着时，好好地活着。

认清我们过客的身份，并不是要我们消极怠慢地生活，而是要理解生老病死其实是自然的过程。从而，遇到问题就不再抱怨连连，也不再悲苦，也不再利欲熏心。我们只需要幸福充实地过好每一天，我们只需要快乐地生存在地球上，微笑着结束生命。

# 掉下悬崖的牛

平静的功夫并不仅仅是沉默，更多的时候是一种审时度势，是一种气韵，是一种智慧，经过你时，便赋予了一种力量，一种可以战胜一切，可以不战而屈人之兵的力量。

如果一个人去观察牛的眼神，人往往会被它轻易击败。牛的眼神太从容，太沉静了。即使农人驱它耕地，把它打得皮开肉绽，它的眼神还是那样静如止水。但是，如果是一条狗，只要人的目光与它接触，只怕是几秒钟，它的眼神便会忽闪而过，躲开人的目光。

原先并不知道动物的眼神的细节。最近看了一本一位老作家回忆"文革"时期的短文，那段日子读来真让人胆战心惊。

当年老作家被下放到农村，上头对公社早有指示，要好好改造他。老作家的主要任务便是放牛，一共有十多头牛。晚上就睡在牛棚里。

运动来了，他就得上台，被人骂被人斗。折磨够了，就被人押往牛棚。

这样非人的生活使很多过来人都想到了死。老作家也是，他想以死来抗争这癫狂的世界。

但是，是牛救了他，是牛的眼神让他的心灵感到一种无言的震撼。他对着牛哭，牛只是看着他，很平静很安详地看着他。这种眼神，像是在告诉他："你为什么要这样做。"又好像是在取笑他："你太懦弱了。"

他没有死，挂在牛棚上的绳子被他解下来扔了。但在那个时代活着，必须要付出代价。

按照当时的政策，牛是不能屠杀的。但那个时候，一年到头，村人难得见到油腥。年关将近，为了能吃到肉，他们想到了一个办法，就是弄死一条牛。

思来想去，他们想到了老作家。大队长命令老作家把一只老牛牵到一处悬崖边，然后把牛推到悬崖下，这样让人以为是牛失足摔死的。

老作家在队长的威逼下这样做了。老牛在滑向悬崖的时候，用前脚拼命趴住了一块大石，眼神仍然平静，但奇怪的是，牛的眼眶里满是泪水。

牛坚持不了一会，就摔向悬崖下……那个年关，全村的人都分到了牛肉。

但是，厄运降临了。有人告发了这件事，一切的罪责都落到了老作家的身上。他以破坏生产罪被判了20年徒刑。

在内蒙古的20年，他受尽非人的待遇，每当想到自杀时候，总是想起那只牛摔下悬崖时的眼神。

老作家活下来了，活得很坚强。

没有人能真正解释清楚一个人的生存哲学，这是一种来自灵魂深处的东西，当一个人这个世上还有他留恋的东西，还有感动的东西，不管对方是人，还是动物，他就不会选择死亡。他会活着，像牛一样地活着，也只有活着，才会感受这世上的一切——痛苦或者欢乐。

陈坤曾说："我不想因为伸长脖子、瞪大眼睛、张大嘴巴而引起别人的注意，我想做一个坐在人堆里，不说一句话，别人也能注意到你的人！"这就是平静的吸引力和穿透力，就是平静的力量。这种平静不是乏味，不是空洞，而是丰富内心的秩序井然，是对自我的一种自觉的控制，是不以物喜，不以己悲的做人境界。

# 一切艺术都是灵魂的成果

浪漫是指为所爱的人或物达到感动，开心等正面意义，并且能被记住一段时间或更久的一个人或者多人所做的行为或语言。世界上最著名的浪漫之都是法国的巴黎。

外国记者无所不问。一位加拿大记者问我："你对女孩子感兴趣吗？你能举出三个给你特殊印象国家的女孩子加以评论吗？"

我先告诉他，给我印象最美的是波兰的女孩子。我住在波兰的卢布林大学时，常常坐在矮矮的石墙上，欣赏着那些在校园里走来走去的女孩子们。虽然她们的神态各异，但都是那么善于打扮自己，还以美好的气质表达她们良好的素养。如果发现你在注意她们，便会对你莞尔一笑，表示好感。大多数波兰姑娘都是金头发，那每一张脸儿都像镶在金色镜框里的一幅幅动人的画儿。

接着我又说，最没有给我留下印象的是意大利的女孩子。意大利简直就是人类的艺术宝库，米开朗琪罗、贝尔尼尼、切利尼等那些艺术大师举世闻名的作品就在大街上，比比皆是，谁还会注意她们？意大利女孩子对于我是一片空白的梦。这印象够特殊的吧！

最后我告诉这位对女孩子分外好奇的记者说，给我印象顶特殊的要算奥地利姑娘了，别看她们并不漂亮，甚至有点死板，但个个灵魂却很浪漫。

"为什么？"他不明白。

要想弄明白这些姑娘，先得弄明白这个国家。

从表面看，奥地利连20世纪也没进入。在维也纳很难看见一座现代化高楼。他们鄙视现代建筑的单调，缺乏历史，没有人文内涵；反过来自然就崇尚以往的哈布斯堡王朝那种高贵的古典精神。如今，它是世界上最爱用名片的国家之一，因为名片上标示着身份与地位。我认识一位诗人，他的名片的头衔不是诗人而是某某亲王后裔。这可笑的做法，叫你感到昔日的帝国依然顽固地活着。

最生动地给你这种"帝国感"的是那些老妇人。她们带着迟暮人生的阴影而面容沉郁，脖子下边像火鸡那样松垂着皱巴巴的皮肉，手指上套着绿松石的大戒指，臂弯里挂一个抽带的丝织钱袋……如果这时坐在道边的年轻人，伸腿挡了她的路，她决不会绕开走过去，而是站着不动，直等这年轻人收回腿，她才过去。她脸上什么神情也没有，却已表现出对那些缺乏教养者的彻底的轻蔑。如今这世界上，哪里还能看到这地道的贵族式的傲慢？这是由于历史不竭的魅力，还是对历史过分的神往和沉溺？

在这种浓重的历史文化氛围里成长起来的奥地利姑娘，最灿烂的向往仍旧是依照老传统在新年之夜到国家歌剧院跳一次华尔兹舞。票价的昂贵和购票的艰难自不必说，能够在做姑娘期间跳上一次便是终身的满足。因为这满足也是一种终身的难忘。她们一律要换上典雅而奢华的白纱衣裙，自我感觉像仙女，或像天鹅。音乐一起，便随同那些穿黑色燕尾服的男士翩翩旋入施特劳斯的漩涡里。一时，整个剧场，数百个雪白的漩涡一齐转动，场面壮美又神奇。音乐是非现实的声音，又是从现实升华出来的美的精灵。此刻，这些忘乎所以的姑娘们骄傲地觉得她们才是那精灵的化身呢！

倘若新年之夜，你来到维也纳的国家歌剧院，准会大吃一惊。谁说奥地利姑娘死板，谁说她们容貌平平？这样优雅、这样美丽、这样浪漫！难道有人给她们施了魔法？

我明白了，音乐通过灵魂能够改变人的一切！

奥地利姑娘属于音乐，奥地利人全都属于音乐。在这个国家任何一个小酒馆里，你只要随口一唱，立即会有人随你同唱。这个连呼吸都带着音符的民族，对那些不会的歌儿，唱上几句，也能跟上。而且他们唱起来就不会停住，一支歌接着一支，兴致愈来愈高。最后招来一场载歌载舞，整个酒馆的人，男女老少，连同老板伙计，唱得兴高采烈。个个眸子发亮，脸蛋绯红，手舞足蹈。你别以为他们多喝了酒。奥地利的音乐和歌，比酒更能使人忘乎一切。

那么，前面所说的那些古板的老妇人呢？她们是无动于衷地站在音乐之外的人吗？当然不——维也纳森林边缘有条小路。它紧挨着贝多芬的一处故居，据说贝多芬曾经常在这小路上散步，那首著名的《田园交响曲》还是从这里获得灵感的呢。这小路就被称作"贝多芬小道"。它是维也纳的老人常来散步的地方。自然也时时能碰到那种老妇人。

这条弯弯曲曲柔软的乡间土道，一边是花树簇拥着尖顶木屋，一边是潺潺清溪。走在这道上，真有种别样的清新与轻灵。从树间筛下的光斑，在地上微微晃动，偶尔一丝风儿，带着这种或那种花的气味，路边溪水的声响，忽轻忽重，忽而含糊……尤其那些不知名的鸟儿，在房顶、在天上、在树叶间，一呼一答，间或发出一长串铃儿般的鸣唱。一些不成形的音乐片段若有若无地闪动，美的精灵出现了。瞧，那漫步走过来的老妇人忽地停住脚步，引颈侧耳，怎么？她听见了贝多芬遗落在这里的几个音节。你再看她，原先那古板一扫而空，她闪烁的目光告诉你，她的灵魂已经不可遏止地浪漫起来！

这是个多有趣的民族！它叫你明白，行为的浪漫不过是表面的波澜，真正的浪漫是灵魂的浪漫。它来自音乐，因为一切艺术都是灵魂的成果，而守矩的灵魂不会产生伟大的奥地利风光。

浪漫，是灵魂的香气。这世界上太多的漂亮活，都是真正浪漫的人干成的。痴爱，忠纯，悲悯，激越，睿智，刚强而不失温煦，勇猛而不失天真，于尘埃中凝视出花朵，于嘈啾中辨闻出仙乐——这样的人，是人中之神，注定被浪漫宠爱一生。

# 把好的道德品质给子女

母亲对子女的爱，我们没有办法用天平和温度计去测量，甚至连它的样子也没法去描述。我们只知道来自母亲的力量是如此平凡，又是如此伟大，它发出的光芒是耀眼的，并震撼着整个世界。

前不久，一位名叫北野的作家曾提出这样一个论点：即民族的较量实际是年轻女人的较量。他通过在不同国家所见到各类不同的年轻母亲对孩子的教育方式而得出这样的结论。

北野说有一次他到一个英国朋友家去玩，这位英国朋友有个3岁的孩子，非要跟北野一块洗澡，北野就敷衍他，你先洗，我一会儿就去。等阿姨给他洗完澡后，北野没有去，这孩子哭了，说北野骗他，孩子的妈也跟北野急了：你怎么能骗孩子呢？你既然答应和孩子一块洗澡就要跟他洗……而在中国，差不多每位年轻的母亲都会对孩子说："乖乖别哭，妈妈给你买糖吃，听妈妈话，乖乖去上幼儿园，妈妈替你买小汽车，乖乖听话，妈妈为你……"至于自己对孩子的承诺是否能实现，那是另外一回事，管不了那么多，中国孩子几乎都是在受骗的环境中长大的。在这样的养育方式下，他将来必然形成这样一种人格——对别人充满戒备，骗别人心安理得。你还指望他相信别人吗？这就是多疑病的原因。

还有一次北野在农村亲眼见到，几个小孩在一起玩，其中一个被另一个欺负了，那个被打的孩子妈妈来了，厉声吼道："你干吗打他，再打我揍死你。"而他在英国曾见过同样的场景，那位被欺负的孩子的母亲却对另外几个孩子讲："你为什么要欺负他呢？难道你们不友好吗？"她在跟小孩讲理，而那位中国妈妈对孩子"没有什么理可讲"，这种教育方式起码有两点不好的后果：一是使孩子养成依赖性，依赖强权，二是会养成一种非理性性格。

有人曾问过，父母到底欠子女什么？其实什么也不欠，就只欠把好的道德品质给子女。而这，恰恰就是民族未来的命运！

母亲是孩子的第一任老师，也是孩子最亲密的老师，母亲如何看待问题，如何对孩子说，将深深影响孩子未来的一生，而所有孩子的未来怎样，直接影响我们整个民族的未来。因此，母亲决定一个民族！所以，愿所有的母亲都注意自己的言行，把自己塑造成一个合格的母亲。

# 实现梦想的途径

人生是对梦想的追求，梦想是人生的指示灯，失去了这灯的作用，就会失去生活的勇气，因此只有坚持远大的人生理想，才不会在生活的海洋中迷失方向。生活是自己的，所以需要我们努力去实现我们的梦想。

1968年的春天，罗伯·舒乐博士立志在加州用玻璃建造一座水晶大教堂，他向著名的设计师菲力普·强生表达了自己的构想："我要的不是一座普通的教堂，我要在人间建造一座伊甸园。"

强生问他预算，舒乐博士坚定而明快地说："我现在一分钱也没有，所以100万美元与400万美元的预算对我来说没有区别，重要的是，这座教堂本身要具有足够的魅力来吸引捐款。"

教堂最终的预算为700万美元。700万美元对当时的舒乐博士来说是一个不仅超出了能力范围甚至超出了理解范围的数字。

当天夜里，舒乐博士拿出一页白纸，在最上面写上"700万美元"，然后又写下10行字：

一、寻找1笔700万美元的捐款

二、寻找7笔100万美元的捐款

三、寻找14笔50万美元的捐款

四、寻找28笔25万美元的捐款

五、寻找70笔10万美元的捐款

六、寻找100笔7万美元的捐款

七、寻找140笔5万美元的捐款

八、寻找280笔25000美元的捐款

九、寻找700笔1万美元的捐款

十、卖掉10000扇窗，每扇500美元

60天后，舒乐博士用水晶大教堂奇特而美妙的模型打动富商约翰·可林捐出了第一笔100万美元。

第65天，一位倾听了舒乐博士演讲的农民夫妇，捐出第一笔1000美元。

90天时，一位被舒乐孜孜以求精神所感动的陌生人，在生日的当天寄给舒乐博士一张100万美元的银行本票。

8个月后，一名捐款者对舒乐博士说："如果你的诚意与努力能筹到600万美元，剩下的100万美元由我来支付。"

第二年，舒乐博士以每扇500美元的价格请求美国人认购水晶大教堂的窗户，付款的办法为每月50美元，10个月分期付清。6个月内，一万多扇窗全部售出。

……

1980年9月，历时12年，可容纳一万多人的水晶大教堂竣工，成为世界建筑史上的奇迹与经典，也成为世界各地前往加州的人必去瞻仰的胜景。

水晶大教堂最终的造价为2000万美元，全部是舒乐博士一点一滴筹集而来。

不是每个人都要建一座水晶大教堂，但是每个人都可以设计自己的梦想，每个人都可以摊开一张白纸，敞开心扉，写下10个甚至100个实现梦想的途径。

实现梦想的道路，就像走阶梯，你得一步步地走。尽管期间会转很多弯，会遭遇很多挫折和坎坷，吃很多苦，流很多汗，有些人可能会退缩，可能会另寻他路，但是只要你坚持走下去，你一定会到达你想要到达的终点。

# 原来上帝这么年轻

所谓爱心是指同情怜悯之心态，包括相应的一定行动，它是一种奉献精神，也是关怀、爱护人的思想感情，包括于所有情感之中。爱心，是人类最美好的情感，也是最值得我们颂扬的情感。

"原来上帝这么年轻，比我想象中的还要年轻得多！"

从前，有一个小男孩，他非常非常想见一见上帝。当然，他知道上帝住在很远很远的地方，要走很长很长的路、经过很长很长的时间才能到达。因此，他准备了一只手提箱，并在箱中塞满了巧克力，还有6瓶饮料，然后就开始了他的寻梦之旅。

走着，走着，不知不觉中他已走过了3个街区。这时，他来到了一个公园里，看到一位老太太坐在那里，正目不转睛地盯着那些时飞时落的鸽子。小男孩紧挨着她坐了下来，打开手提箱，拿出一瓶饮料，正准备喝时，无意中扫了老太太一眼，他突然发现老太太看起来似乎很饿，于是，他拿了一块巧克力递给她。老太太欣然接受了，内心充满了感激，她微笑地看着小男孩，那笑容是那么的慈祥、那么的亲切、那么的完美。小男孩感到心中舒畅极了，世界也仿佛充满了阳光，到处都是鸟语花香。他想再看一次她的笑脸，因此他又拿出一瓶饮料递给她。老太太又欣然接受了，并且又对他报以完美的微笑。小男孩高兴极了。

整个下午，他们就这样坐在公园里，边吃边笑，但他们却从未说过一句话。

天色逐渐黑了下来，夜幕降临了。此时，小男孩觉得十分疲劳，他站起身往家走去。但是，刚走几步，他却突然转过身，跑回到老太太身边，张开双臂，紧紧地拥抱了她一下。这次，老太太对他报以最完美的微笑。

当小男孩愉快地回到家里，走向自己房间的时候，她的母亲感到非常惊奇，她不知道究竟是什么事令儿子这么满面春风。于是，她问道："孩子，今天发生什么事了，让你这么快乐？"

"我与上帝共进午餐了，"他兴奋地答道。接着，还没等母亲反应过来，他又补充道"您猜怎样？她给了我最美好的微笑！啊，她是那么慈祥，那么亲切，那么完美！"他说这话的时候，神情仿佛是在回味下午与"上帝"共同度过的美好时光。

与此同时，那位容光焕发的老太太也喜气洋洋地回到了家里。看着老太太那安详、平和的神情，她的儿子感到非常吃惊。他疑惑地问道："妈妈，您今天做什么事了，这么高兴？"

"哦，今天我在公园里遇见上帝了，他还和我一起吃巧克力呢！"老太太兴奋地说道，那神情也仿佛是在回味着与"上帝"共同度过的美好时光。接下来，还没等她的儿子反应过来，她又补充道："你知道吗，原来上帝这么年轻，比我想象中的还要年轻得多！"


现实生活中，只有你我的爱心才能拯救他人，而你我就是他人，所以说真正的上帝就是你我的爱心。爱心的定义不仅是你要付出多少，而是你的一个眼神、一个动作、一句话语都可以让别人感受到爱，感受到阳光般的温暖。爱心是不求回报的付出，爱心是人类最美好的情感之一。

# 尊重与关怀

屠格涅夫遇到一个贫穷的乞丐，当翻遍口袋都未找到一枚硬币时，他紧握住乞丐的手说："兄弟，对不起。"一句话，饱含着多少温暖啊！尊重每一个善良的灵魂，尊重每一个平凡的生命，这就是伟大。

在美国读书时，曾发生一段令我印象深刻的事。

那时我修了一门社会科学的科目，有一次，教授向我们介绍阿米西人（Amish）的生活形态与风俗习惯，并播放一部影片，那是教授特地到宾州许多阿米西人聚居的城市——兰开斯特所拍摄的，内容是兰开斯特的风光以及阿米西人的风俗民情。兰开斯特同时也是各国游客常前往参观的旅游胜地。

看完了精彩的影片，我们纷纷向教授提出不少与阿米西人有关的问题。突然，有一位女同学站了起来，她向教授说："我觉得你不该拍这部影片，我认为你这么做，侵犯了阿米西人的人身自由。他们跟我们一样是人，难道只因为他们保持传统的生活习惯，就得被当成动物般地观赏？这样太不公平，我觉得你做错了。"

为了教学而精心制作这部影片的教授，仿佛突然被泼了一大桶冷水，当众被学生指责实在尴尬。他说："我不认为我有什么不对，我是为了教学，才到那里拍摄影片，何况那儿原来就是观光胜地，并没有不能拍影片的限制，很多人也这么做啊。"女学生不赞同这种说法，继续与教授争辩，气氛愈来愈僵，两人各执其词，互不相让。最后，女学生气冲冲地说："我不听你的课了，我要走了。"教授也说："你走吧，我不会在乎。"

那时已近期末，眼见就要拿到学分，如果那名女同学退了这一堂课，不但得不到学分，成绩单上也会留下纪录。通常只有读不下去的学生才会退修课程。接下来的一堂课没见到她，我们都为她感到惋惜。

但是，再接下来的那堂课，她又出现了。教授走进教室时，她主动走上前向他道歉，她说："教授，我真心地向你说声对不起。这几天我一直在检讨自己，虽然我有我的想法和信仰，但是我忽略了你对教学所付出的心力，忽略了你是尽心尽力地对教学负责任。我有不对的地方，请你原谅我。"教授也说："真高兴你回来了，我知道我也有错，我只顾着做自己认为该做的事，却疏忽了对别人应有的尊重与关怀。我也要感谢你，教了我宝贵的一课。"他俩握手言和，相视而笑。

这是我在美国所上过最珍贵的一课。

纪伯伦曾说："真正伟大的人是不压制人也不受人压制的人。"每一个鲜活的生命都有活着的尊严，这尊严理应得到尊重。尊重他人就是尊重自己，人应该尊重每一个善良的灵魂，尊重每一个平凡的生命。

# 我们都有一颗富裕的心

你的心灵状态决定了你所看到的世界的面貌，一个心灵贫乏的人，他看到的世界也必定是贫乏的，如果他只关心物质和利益，他在世界上也就只能看到物质和利益。只有内心世界丰富的人，才可能发现和欣赏世界的丰富的美。

我们从未曾意识到自己是穷人，牧师却让我们接受了这个残酷的事实。然而，牧师后来又承认我们是"富人"，因为，我们都有一颗富裕的心。

我永远不会忘记1946年的复活节。那时，父亲已过世5年，家里其余的兄弟姐妹已离家自立门户，只有16岁的达莲娜、14岁的我和12岁的欧茜与母亲相依为命。尽管妈妈要供养3个正在上学的孩子，生活极其简朴，但我们的小屋里每天都有歌声和笑声。

复活节的前一个月，教堂里的牧师号召所有教友都积攒一点钱，好在复活节时捐给穷人。他说，这是我们帮助那些同样身为上帝的孩子却为现实生活所累的人们的一个实在的做法。一回到家，我们便热烈地讨论详细的攒钱计划。妈妈建议接下来的这个月，我们应该去买50磅土豆作为一个月的口粮，这样的话，我们就可以省下20美元。不过，她保证每天都给我们做出不同口味的土豆，比如煎土豆、烤土豆、土豆泥、土豆饼……哇，我的口水都流出来了！然后，我们又想方设法节省其他开支，例如，尽量少开灯，甚至不听收音机。达莲娜提出她尽可能出去找一些帮别人打扫房间和院子的活，而我和欧茜则可以帮人看孩子。后来我们甚至做起了小买卖。妈妈花上15美分买回一些线圈，我们将其加工成壶柄拿到市场上去卖，竟然小赚了20美元。我们的生活在那个月变得忙忙碌碌。然而，每当大家围坐在一起，一分一厘地数着辛辛苦苦攒下的钱时，所有的疲乏与奔波之苦就被巨大的成就感扫荡得一干二净。在寂静的夜里，坐在黑暗中，我们凝视天空中的星星，想象那是一张张舒心的笑脸，想象着穷人接到捐款后的喜悦。

我们教区共有八十多个教友，如果每家都捐一点钱，那该能帮助多少穷人呀！每个周日，牧师都会在弥撒中为穷人祈福，并提醒大家应该将上帝的爱无私地与他们分享。

眼看复活节一天天的近了，我们开始兴奋得睡不着觉。我们已经攒下了70美元，这是多大的一笔数目啊！这个复活节，我们将没有新衣服穿，可这又有什么呢，我们一心想着捐款的神圣时刻。

复活节那天早上，上帝似乎有意考验我们，一场倾盆大雨企图将我们堵在室内。我们没有伞，但还是冲进大雨中奔跑了足有一公里赶到教堂。我们身上的衣服被淋得透湿，但我们用塑料袋包起来的70美元却干干爽爽！

教堂里的孩子们开始小声议论，有的还拿手指着我们的旧衣服，吃吃地笑。这时，妈妈走到我们身边，用她那温暖柔软的手牵住我和欧茜，望着她挺直的腰板和从容的微笑，我握紧了手里的70美元。那一刻，我感到自己真是无比的富有！

募捐开始了，妈妈分给我们三个孩子每人一张20美元的钞票，然后自己拿着一张10美元的纸钞率先投入募捐盒。接着，达莲娜、我、欧茜都郑重地投了自己的一份。

回家的路上，我们高声唱着歌曲，雨后的天空天高云阔。我们的喜悦在午餐时达到了高潮。妈妈为我们准备了丰盛的复活节午餐——炸土豆和复活节煮鸡蛋。大吃一顿后，我们坐在屋里聊天，聊那些收到捐款的穷孩子也可以吃上鸡蛋，也可以上学，也可以和我们一样高声歌唱……

一阵敲门声打断了我们，妈妈走过去开门，原来是牧师。牧师笑着和我们打招呼："嗨，孩子们！看来你们的复活节过得不错呀！""是的，牧师！"我们的心因为爱而异常欢快。牧师在门口和妈妈说了一句话，并递给她一个信封，然后便离开了。妈妈走进屋时，我们纷纷猜测信封里是否装着哪个哥哥姐姐的问候信。然而，我发现妈妈的脸上掠过一丝难过的神情，她一句话不说，打开信封，一叠纸滑落在桌上。那是几张纸钞——3张20美元、一张10美元以及17张1美元！就在那一刻，我还没来得及问出一句"为什么……"一个突如其来而又朦朦胧胧的念头迅速划过我的脑际："我们是穷人！我们是穷人！"这句话一出现就在我脑子里跳个没完，如利刃般刮着我的神经！

一直以来，我都为"穷人"难过，因为他们没有我这样的妈妈，这样的兄弟姐妹，不像我们这样整天有说有笑。虽然我们家没有全套的银餐具，吃饭时妈妈把仅有的几只银质刀叉奖给当天最乖的孩子，但我们却视之为一种极大的乐趣。虽然我一直都知道我们没有鲍勃家的银烛台，没有玛丽家的留声机，但我从没意识到自己属于穷人的行列！可在那个复活节，我知道了我们是穷人，因为牧师为我们送来了捐给穷人的钱。在他的眼里，也许在很多人眼里，我们一直就是穷人！我这才注意到我的旧衣服，我的破鞋，我的小屋子，所有目之所及都在告诉我一个残酷的事实：我们是穷人！我心里生出一种从未有过的羞辱感，想起今天在教堂里那么多人对我们指指点点，我决定再也不去教堂了。

对了，还有学校！虽然在九年级一百多名学生中，我的成绩数一数二，但现在我怀疑所有那些同学看我的眼光中，怜悯和同情占了多数，我恨不得立即退学，反正我已经完成了法定的8年义务教育。

接下来的一整个星期，我们默默地上学、放学，想尽办法从同学们眼中消失，彼此也不愿交谈。终于熬到周六，妈妈郑重地询问我们该如何处置那笔钱。看着那个刺眼的信封，我们茫然无措。穷人该怎么花钱？我们不曾知道，因为我们从未认为自己是穷人。然而，无论如何，我们是不愿去做周日的弥撒了。但妈妈坚持要去。

我们故意在教堂后面一个角落坐下，所有的程序此时都显得漫长而难挨。最后，牧师讲话，他提到在非洲有一些贫穷却虔诚的教友顶着烈日盖教堂，却因资金短缺，教堂的顶部迟迟不能完工。他说，只要100美元我们就可以帮助他们盖一个漂亮的教堂顶了。

突然，一只手搭在我的肩膀上，我看见达莲娜冲我微笑着，递给我那个装着87美元的信封，妈妈也在一旁鼓励地看着我。我突然明白了什么，接过信封，牵起欧茜一起走向圣坛。欧茜将信封投进了募捐盒。募捐结束后，牧师清理了所有的捐款，最后他兴奋地宣布，捐款超过了100美元。他说没有料到在我们这个小教堂能一下子筹到这么一大笔捐款，他肯定在座的人中一定有富人。

我们就是牧师所说的富人了？我们就是他所说的"富人"！一瞬间，我的心快要跳出嗓子眼——牧师承认我们并不贫穷！

从那天开始，我知道我们都有一颗富裕的心。


丰富的心灵是自己身上的快乐源泉。心灵的快乐是自足的，如果你的心灵足够丰富，即使身处最单调的环境，你也不会太寂寞。本来每个人都可以有这个源泉的，可惜的是有些人从来不去关照自己的心灵，任其荒芜，使人生幸福的一个重要源泉枯竭了。

# 上帝之手

社会现实，人有时候很脆弱，需要别人的关心，哪怕是微不足道的关心。这时候，他就会像是获得了巨大的能量，从而有勇气坚持下去。推己及人，在我们力所能及的时候，我们也应该去做一个温暖别人的人，温暖他人，也被他人温暖。

下午5：30。现在我知道躺在手术台那一头是什么感觉了。我是一名外科医生，腹部刚刚做了紧急手术。他们说我会好的，但躺在这间无菌的手术室里，我感到燥热，浑身发抖，一生都好像没这么疼过。

我理解我的病人眼中的那种忧虑和些许害怕了，还有他们常有地伸出手来握住我的手的本能。这是我头一次理解，然而，陌生人触摸我或是我触摸陌生人总让我感到很不舒服。只有病人在熟睡时，我才能专心对付一根骨头或是一根血管，全神贯注进行手术而不必在意那个人。触摸病人是我每日例行的公事之一，我按照在学校里学的那样做，职业性的，不带任何感情色彩，动作尽量短而明确。现在我受到的就是这种触摸。

晚上7：20。他们熟练地护理我。每个人都有板有眼，都很有效率。有多少次我都是站在病人的床头，下巴剃得光光的，沐浴得干干净净，处在控制的地位；命令别人而不是接受命令，向下看而不是向上。

但是今晚，在这间充斥着消毒气味的柠檬黄色的病房里，我不是医生，只是一个普通人：结婚了，有三个孩子，平时打网球，最喜欢的季节是秋天。以前疼痛从不是我经常性的伴侣，现在我生活的目标是不靠别人给自己洗澡。我害怕了，对别人处理自己感到了厌倦。

凌晨2：15。另外一间阴暗的病房浮现在我的脑海中：那时我年轻，是住院医生，正面对着我第一个濒临死亡的病人，她瘦成了一把骨头，面色灰白，神志不清。给我印象最深的是她轻轻地叫喊一个调子，持续不断的，伴着抢救器械的嗒嗒声。那晚我做了"医生"该做的一切，没有用。

早晨6：22。在过去黑暗中的那几个小时里，他们不停地拨动我、检查我，现在来的是早班护士，她上了岁数，长得像株可爱的圆白菜。她拉开窗帘，给我换床单，检查脉搏，一步步做完自己的工作后，向门口走去。然后，她自然地转过身，走到水槽边，蘸湿一条干净的毛巾、轻轻地擦我没刮过的脸，说："这一定很难熬。"

泪水涌上了我这个一向漠然、克制的医生的眼睛。她竟停下来体会我的感受，用那么一句准确又简单的话来分担我的痛苦："这一定很难熬。"

她并不是仅仅检查脉搏或是换换床单，她真正地抚摸了我。有那么一刻，她变成了上帝之手。

"你对我微不足道的兄弟所做，即是对我所做"，当我下定决心以后不是去"触摸"一个躯体，而是去"抚摸"一个人的时候，《圣经》上的这句话在我耳边响起。

我们每天都在忙忙碌碌地工作，奔走在各个角落，面对挫折面对现实时或趋于逃避，或挺身相对，以为自己终将能够承受这一切，一笑了之。却忘了心灵有时是脆弱的，它需要被呵护，需要被关怀，需要爱，需要幸福。失去了这些需要，再多的物质也换不回一个完整的心灵。

# 活得有归属感

古希腊神话中，西西弗斯永无止境地往山上推动滚石。很多人不能理解，感觉那是多么无聊的事情啊——把巨石使劲推到山顶，然后，巨石又从山顶滚下来，然后又推上去……其实，人的一生不也是这样吗？一生都在找事做！

做一个富贵闲人，是许多人梦寐以求的终极目标。然而，真正走到那一步了，似乎又有无尽的烦恼，这烦恼尽管是看来的、听来的，却一样令我难忘。只是，我很理智地收起了我的羡慕。

有一位熟人，原是上海知青，那时挺捣蛋的，谁也不知二十几年后他能在上海滩闯出一番事业来。可他最后却成功了，家财亿万。人到这分上，男人的底气往往会更足，有可能天天声色犬马，也有可能更加努力地工作甚而成为工作狂，因为正是工作改变了他，使他拥有了今日的身家与身价。

然而，做老婆的这时就遇到难题了：老公不属于让她去工作，又觉得以前未曾让她过上好日子，所以要加倍补偿。补偿的办法就是辞掉工作，当太太。于是，他的老婆成了真正的富贵闲人——儿子进寄宿学校了，老公终日在外奔波。自己工作没了，虽有一辆林肯车开着，一只巴儿狗养着，几盘麻将打着，可日子一久，这些不但索然无味，反而让她感到空虚和烦躁。终日的，她觉得自己像在笼子里关着的鸟，只能看见天空却接触不到坚实的土地。那种感触，比之当初的劳作，又另有一番难言的辛苦与酸楚。

太太想来想去，觉得还是工作好，整日便吵吵闹闹的，终于逼得丈夫没办法，只好往一家即将倒闭的小公司投了一笔小小的资金，尔后让太太去管理。原本是让太太消遣的，不料太太后来越做越顺手，竟至财源滚滚。丈夫虽不屑于要她的钱，却又不无欣喜。好了，毕竟不再吵了，看来还是当富贵忙人更有意思！

这是有造化有福分的一例。

还有一位朋友，丈夫南下发了财，又在外头另置金屋养了一个娇娃。太太既恨丈夫，又舍不得离婚，终日闲着没事，便胡思乱想，折磨得一个人欲死欲活的，后来，她在每间房包括洗手间都装了电话机，开始靠打电话度日，再后来，电话打腻了，她竟萌生了自尽的念头。这时，一位昔日的同事向她伸出了手："我新近开了家餐馆，少一个收钱的，你来不来？"

"来！"

此后，那女人便每天开着轿车去那家只有一间店面的便民餐馆打工，月薪300元。由于店堂门口狭窄得很，轿车得存在附近的停车场。一月下来，停车费比工资还高，白干不说，还多了几分辛苦，可她就是乐意。

"这种日子好，有事做。"富贵闲人庆幸自己又找到了事做，喜得两颊发红，洗盘子的姑娘听了，嘴一撇：装什么蒜哪！

其实，这姑娘日后若有幸做了富贵闲人，她就不会这样想了。人在世上，活得有归属感、有位置感，可能比我们想象的还重要一些吧！

人生幸福无非就是有希望、有人爱、有事做。懒惰其实并非一种幸福状态，而闲得无聊更是可怕的人生情景。做事其实是人生的最大奖赏。不做事的时候，其实感觉并不好，很容易空虚无聊。还是找一些事情来做吧。喜欢主动找事做的人，永远也不会空虚无聊。

# 浪花丛中的奇葩

一个艄公，成了启蒙老师；一个少年，成了游泳健将。往往困难不是恶魔和灾难，而是成功的起步，它的启蒙老师。这就像这篇文章里写的一样。一个升入中学的少年，没有钱坐船遭白眼，只好自己游泳过河。日复一日，年复一年，少年竟然成了一名游泳健将。

一条清澈的小河，一条泊在岸边的渡船。

我立在船头，一身蓝色的衣服倒映在水里。船身开始晃动，船老大拿着一根竹篙上来了。一个背着书包的圆脸少年站在河埂上朝老人大声问："老爹，没钱能上船吗？"

老人正在弯腰解着缆绳，头也不抬："没钱坐什么船，笑话！"竹篙一点，小船离岸而去。

孩子像当头挨了一棒，孤零零地立在岸上。离得老远，我看见孩子两眼睁得溜圆，牙帮骨在不停地抖动，两道小刷子似的眉毛紧紧地蹙在一起。忽然，他把衣裳一脱，连同书包擎在手中，"哧溜"一下滑进了河里。

秋风秋水，他受得了吗？一股同情的潮水从我心上漫过，想喊，没喊出声。那孩子举着衣服、书包，踩着水，一摇一摇地向河当中游去，黝黑的脸蛋冻得乌青。撑船的老汉愣愣地望着，忽然大叫："孩子，上船，快上船！"孩子好像没听见。

船撑到孩子跟前，孩子使劲把头别过去。"上船吧——别冻坏了。"老人似乎在哀求，"钱一分也不要。"孩子不理他，依然向前划。

落满彩霞的河水被孩子的臂膀切割成一块块五彩的锦缎，那手中的花格子衬衣活像五彩的花瓣，黄黄的书包真像花瓣中的花蕊。

好一朵开在浪花丛中的奇葩！好一个倔强的少年！

终于到了对岸，泥鳅一般蹿上了堤埂。阳光在他的脊背上滚动，像一条条刚出网的银鱼在蹦跳。他把衣裳一套，捡起书包，飞也似的跑了。河边的沙滩上，写下了一条长长的水线，像一条无限延长的省略号。

后来，我打听到了，那孩子考取了对岸的中学，那天是开学的头一天。

有趣的是，以后我每次过河，只要赶上学生上学放学，总会看到那个圆脸少年在河里游来游去，数年后，少年居然从这条小河游进了大海，成了一名游泳健将。他给撑船老人来过一封信，称他是他的启蒙教练，要感谢他。

可惜，老人已长眠在河边的沙丘里，没看到这封信。


生活中，有一些人用放大镜来面对困难，在困难面前一溃千里，一蹶不振。如果你能迎难而上，有时还会得到意想不到的好处。面对困难退缩下去，终将一生碌碌无为。记住，面对困难，只要勇于面对，成功正向你招手，要是面对困难，你怕了，失败正拉你走。爱拼才会赢！

# 真正的幸福

关于幸福的定义，有人说：我饿了，你手里拿个包子，你就比我幸福；我渴了，你手里有一瓶水，你就比我幸福；我想上厕所，但只有一个坑，还被你占了，你就比我幸福……话虽不雅，但正所谓话糙理不糙，它能够很好地诠释幸福的含义。

那天，我去一个偏远的林区小镇看大学同窗晓薇。

车子在崎岖的山路上颠簸了四五个小时，才把我带到晓薇描述得无限美丽的小镇。到了她的学校，她正在上课。晓薇让我先到她家去休息一下。

我正疲惫着，听明白了去的路，便向她要钥匙。她莞尔道："去吧，我家没锁门。"

"没锁门？那你家里有人？"我惊讶道。

"没人啊，你放心地去吧。"上课铃声响了，晓薇赶紧走了。

晓薇怎么搞的？家里没人也不锁门，我疑惑不解地朝她家走去。路上问了两个热心人才顺利地找到了晓薇的家。

轻轻一推，外边那扇黑色的大铁门"吱呀"一声开了，往里走，内屋的门也没上锁。

无须上锁，难道这儿已达到了"路不拾遗"的文明程度？我心里嘀咕着，打量起晓薇整洁、简朴的小屋：屋里除了两个惹人注目的大书柜、两张硬木书桌外，唯一的电器就是一台十四英寸的电视了。

晓薇上班不锁门，难道仅仅是因为她的清贫？

晓薇回来时，笑着问我："光临寒舍有何感受？"

"是有点儿'寒舍'的味道。晓薇，你丈夫在县委宣传部上班，你文笔那么好，调到县城该是没多大问题吧？再说，总这样两地分居也不是办法啊。"我关切地问道。

"我和爱人都觉得这样挺好的。"晓薇一脸的幸福。正说着话，左邻右舍听说晓薇来了同学，纷纷送来吃的——鲐鱼、香肠、咸鸭蛋……还有一捆生菜、一碗鸡蛋酱。笑迎那一张张亲切的脸，听着那一句句暖暖的话，我感受着这里的人们对晓薇的尊敬和关心，感受着人与人之间那浓郁的亲情。我不无羡慕道："晓薇，你人缘真好，摊上这么好的邻居。"

"这回你该明白我为什么不上锁了吧？"晓薇麻利地拾掇着饭菜。

"家时没人，还是锁上门好。"我想起自己在省城的家，那厚厚的防盗门，左一道保险、右一道机关锁得紧紧的，还经常担忧呢。

"不能锁的，家里常来人。"晓薇轻言道。"常来人？你不在家时，家里还来人？"我更惊讶了。

"对呀，你看，我家有一口宝井呢。"晓薇指着厨房里的压水井自豪道。

"怎么，你们这里还没吃上自来水？"我真有些恍如隔世的感觉了。
"快了，明年这个时候就能接上了，我家这口井打得早、打得深，水好喝，现在邻居们都来我这里打水。你说，我能锁门吗？"

"你可以规定一个打水的时间嘛，要不你的家不成了随来随往的供水站了？"

"对啊，我就是要建一个全天候的供水站啊。"晓薇爽快地说。

"你放心让邻居来打水，难道不怕有坏人趁机闯进来拿东西？"我不放心道。

"不用怕，我这屋里随时都有熟人来往，前屋后院的老人都会帮我照看。再说了，即使有小偷进来，你看看，我这儿有啥值得拿的……"晓薇露出一副很开心的神态。

很快，巧手的晓薇便用邻居送来的东西，做出一大桌子色香味俱全的菜肴。一边吃着可口的饭菜，一边品味着晓薇跟我讲述的一件件浸润着浓浓亲情的故事，我竟生出了无限的羡慕。

整日劳心劳力的我，坐在晓薇简朴的小屋里，心中拂过缕缕温馨，心情陡然轻松了许多。

回去的路上，我的眼前老是晃动着晓薇那甜甜的笑容，那不上锁的大门，那引以为豪的水井……

真正的幸福，不在于拥有豪宅大院，不在于拥有多少财物，只要有一颗时时敞开的、无须上锁的心灵，即使是清贫的日子，也会散发出至真至醇的芬芳。真正的幸福是心灵的快乐，而心灵的快乐主要取决于心灵的力量，取决于我们是什么人，而不是我们有什么财富和声誉。

# 爱不仅能化解仇恨

人生常常会有各种不如意，一旦碰到就会拿身边的人出气。这是大家都容易犯的一个坏毛病，而这个坏毛病往往成为破坏人际关系的"杀手"。面对这位"杀手"，你可有良方？

大山继续往前走，走进沙漠二十多里时，老天突然刮起昏天黑地的狂风，整个大地被风暴抬起来又埋下去，埋下去又抬起来……不知过了多长时间，风暴才消失了。

这时，透过漫天的黄沙，大山看到泛白的太阳已经挂在西方的天幕上。为了在天黑之前走出沙漠，大山强忍着周身的疼痛，从地上爬起来，举起水壶，想润一润干得冒烟的喉咙，哪知，水壶已经空了。水壶被风暴一抬一摔，水全洒干了。

说来也巧，蓦然间，大山看到不远处还坐着一个人。他像遇到救星似的跑过去——发现那人正是自己的死对头高成！高成也是被摔得浑身青一块紫一块的。原来他跟大山一样，也是为了实地预演提前来适应场景的。

对头见对头，危难之间相对无语。不过，高成比他好多了，他的面前还摆着两小瓶矿泉水。见到水，大山激动得全身发抖！可是，向他讨，他必然会向自己提出苛刻的交换条件，这是万万不能答应的。向他买，在这个时候，他断然不会出卖自己的救命水！

大山摇了摇空空的水壶，赌气似的说："没有水，我就是喝尿也会挺过去！"于是，他拿起水壶，朝一旁走去。

可是，他周身的血液都像被蒸干了，哪里还解得出来呢？如果没有水，恐怕会渴死在沙漠里。大山害怕了，因为他一脚踢开了一具白森森的骷髅！看来，只有……

他悄悄地潜到高成的背后。这时，高成正把最后一瓶水递到嘴边。说时迟，那时快，大山一把夺过高成手中的水，提起自己的行李包就跑……

这天晚上，大山翻过最后一道沙丘，一跟头跌倒在草原上的一堆篝火旁。等他醒来的时候，那个牧民不解地问："明明你包里还有一瓶水，为什么固执不喝呢？"

原来，这瓶水是高成偷偷塞进他的行李包的。牧民正是用这瓶水灌醒了他。大山先是惊愕，继而羞愧得号啕大哭起来。

大山和牧民骑着骆驼重返沙漠，怎么也找不到高成，倒是第二天晚上，高成自己奇迹般地重返驻地了。大山不敢去问他是怎样创造这一奇迹的，自己悄悄离开了公司，从此再也没有涉足影视行业。这是一个真实的故事，故事的主人公就是我的朋友。他说："就凭那瓶水，我觉得只有高成才配演绎那位英雄。我从来没有向人认输过，可这一次却输得心服口服啊！"

看来，爱不仅能化解仇恨，它还是打败对手的锐利武器啊！


宽恕别人不是一件容易的事情，宽恕伤害了自己的人更难。也正因为如此，那些胸怀宽广的人才更受人尊敬。宽恕他人就是善待自己。宽容是一种美德，"以德报怨"，用爱来化解仇恨，仇恨也会化成爱。当我们不断地用爱充满内心、包容他人，那么整个世界都将被爱包容。

# 萨克斯的声音

父母的爱，是一种对儿女天生的爱，自然的爱。犹如天降甘霖，沛然而莫之能御。这能够维护生命之最大、最古老、最原始、最伟大、最美妙的力量莫过于父母对我们的爱。

那年冬天，我经历了一场刻骨铭心的失恋，为了生存，也为了给心灵找一些慰藉，我在一家酒吧里吹萨克斯。

每晚八点，当悠扬的萨克斯声响起的时候，我总会看见酒吧阴暗的角落里，坐着一位珠光宝气的五十多岁的妇人，她每次总要一杯鸡尾酒，点一根烟，透过缭绕的烟雾看着我在台上吹奏，在我每一次演奏结束，又悄悄地驾车离开。她几乎每晚如此，准时来准时走，神秘而不可捉摸。

一个很冷的雨夜，酒吧里冷冷清清，顾客寥寥无几。当我演奏结束收拾乐器准备离开时，神秘妇人推门进来，脸上挂着一丝疲惫和焦急。

"先生，能不能再为我吹一曲呢？"妇人满面恳求的脸色。

我是来酒吧赶场的，下面是摇滚的时间，不可能再安排萨克斯演奏，为了不让她失望，我对她说：我们去门外吧，我帮你再吹一曲。妇人满脸感激地笑了笑。外面下着雨，我站在屋檐下尽情地吹着，妇人在屋檐下静静地听。雨丝夹着冷冷的夜风吹进屋檐，打在妇人的身上，她却一点也不知觉，好像沉醉在某种回忆里。悠扬的萨克斯声在雨夜的上空久久回荡，妇人像雕像般竖立着，一动不动。

当音乐停止时，妇人掏出一百元钱递给我。

"举手之劳，不必客气。"我连忙推辞，我的内心非常激动，在这寒冷的雨夜里，还会有人赶来特地听我演奏，我说什么也不肯收这个夜夜为我捧场的忠实听众的钱。

"不，我替我儿子付的，我付给艺术。"妇人说完又掏出一张名片："上面有我的地址，如果有空，从明天起，白天到我家去演奏，酬劳一天一百元。"妇人说完钻进汽车，消逝在霓虹灯和雨幕深处，留给我满脑的唐突和惊愕。

天下没有掉下来的馅饼，一天一百元，比酒吧的工资都高。她肯定别有企图，也许，她很寂寞，正找寻掉入"陷阱"的猎物，现在社会上不是流行富婆包"二爷"吗？犹豫了片刻，我还是挡不住金钱的魅力，我想先去试几天吧，如果她欲图不轨，我再抽身走人也不迟。毕竟因为贫穷，我的爱情曾经随风飘远。

第二天，我按照名片上的地址按响了那幢别墅的门铃。门开了，别墅里只有妇人一个人，豪华的客厅里到处弥漫着艺术的气氛，墙壁四周都是音乐家贝多芬、肖邦等的雕像，客厅的角落里有一只乌黑锃亮的萨克斯，一尘不染静静地竖立着。第一天很平静地过去，我奏乐，她把身体埋在沙发里出神地听着，似乎沉浸在一片对往事的回忆里。第二天也很平静。第三天妇人的眼睛随着悠扬的萨克斯声的起伏开始流露出异样的光芒，那种目光扎得我身如芒刺。为了掩饰内心的慌乱，我转过身，尽量不面对她。我在想：狐狸终于露出尾巴，开始还假装正经，我可不想当"二爷"。演奏结束后，妇人从沙发里站起来，冷不防从背后抱住了我，吻了我的额头："孩子，我想你呀！"

"无耻！"一种屈辱感直冲我的脑门。我转过身去，巴掌结结实实地打在这位可以做我母亲的女人脸上。"我卖艺，但不卖身。"说完我夺门而出，连萨克斯也没有拿。门外下着雨，这是一个阴雨连绵的雨季。回想起刚才的一幕，我的心早就开始下滂沱大雨了。没有了萨克斯，我就无法再回酒吧演奏。一个雨夜，当我花完身上所有的钱，我终于鼓足勇气按响了那幢别墅的门铃，我不乞求工资，我只想要回我赖以生存的萨克斯。门开了，出来一位十七八岁的女孩。

"你找我姨妈？她已经去世了，不过她有交代，有人来拿萨克斯，请把这封信转给他。"女孩说完递给我一封信。

信里装着我三天三百元的工资，还有一段话：

我的儿子音乐学院毕业，也会吹一手萨克斯。一场车祸使他离开了我，如果他没死，也有你这么大了，我没有别的意思，我只是想吻吻我的儿子，他离开我太久了……

女孩说：姨妈患有轻度精神分裂症和胃癌，她多么想再听听萨克斯的声音，你走的那天，姨妈就跳楼了。

凄冷的雨夜街头，我突然抱起萨克斯，朝着天空拼命地吹了起来。


有一种情感，它不像友谊那样脆弱。也不似爱情那样热烈而短暂，其实，这种情感就是父母之爱，它是那样至纯至真，是那样永久，充满着人的一生。因此，父母和子女，是彼此赠予的最佳礼物。

# 敬畏生命

弘一法师在圆寂前，再三叮嘱弟子把他的遗体装龛时，在龛的四个脚下各垫上一个碗，碗中装水，以免蚂蚁虫子爬上遗体后在火化时被无辜烧死。看弘一法师的传记，读到这个细节，总是为弘一法师对于生命深彻的怜悯与敬畏之心所深深感动。

五月的一个清晨，四岁的小女儿忽然尖叫起来。

"妈妈！妈妈！快点来呀！"

我从床上跳起，直奔她的卧室，她已坐起身来，一语不发地望着我，脸上浮起一层神秘诡异的笑容。

"什么事？"

她不说话。

"到底是什么事？"

她用一只肥匀的有着小肉窝的小手，指着窗外，而窗外什么也没有，除了另一座公寓的灰壁。

"到底什么事？"

她仍然秘而不宣地微笑，然后悄悄地透露一个字。

"天！"

我顺着她的手望过去，果真看到那片蓝过千古而仍然年轻的蓝天，一尘不染令人惊呼的蓝天，一个小女孩在生字本上早已认识却在此刻仍然不觉吓了一跳的蓝天，我也一时愣住了。

于是，我安静地坐在她的旁边，两个人一起看那神迹似的晴空。她平常是一个聒噪的小女孩，那天竟也像被震慑住了似的，流露出虔诚的沉默。透过惊讶和几乎不能置信的喜悦，她遇见了天空。她的眸光自小窗口这一头出发，响亮的蓝天从那一端出发，在那个美丽的五月清晨，它们彼此相遇了。那一刻真是神圣，我握着她的小手，感觉到她不再只是从笔画结构上认识"天"，她正在惊讶赞叹中体认了那份宽阔、那份坦荡、那份深邃——她面对面地遇见了蓝天，她长大了。

那是一个夏天的长得不能再长的下午，在印第安纳州的一个湖边，我起先是不经意地坐着看书，忽然发现湖边有几棵树正在飘散一些白色的纤维，大团大团的，像棉花似的，有些飘到草地上，有些飘入湖水里，我仍然没有十分注意，只当偶然风起所带来的。

可是，渐渐地，我发现情况简直令人震惊，好几个小时过去了，那些树仍旧浑然不觉地，在飘送那些小型的云朵，倒好像是一座无限的云库似的。整个下午，整个晚上，漫天漫地都是那种东西，第二天情形完全一样，我感到诧异和震撼。

其实，小学的时候就知道有一类种子是靠风力靠纤维播送的，但也只是知道一道测验题的答案而已。那几天真的看到了，满心所感到的是一种折服，一种无以名之的敬畏，我几乎是第一次遇见生命——虽然是植物的。

我感到那云状的种子在我心底强烈地碰撞上什么东西了，我不能不被生命豪华的、奢侈的、不计成本的投资所感动。也许在不分昼夜地飘散之余，只有一颗种子足以成树，但造物者乐于做这样惊心动魄的壮举。

我至今仍然常在沉思之际想起那一片柔媚的湖水，不知湖畔那群种子中有哪一颗种子成了小树。至少，我知道有一颗已经成长，那颗种子曾遇见了一片土地，在一个过客的心之峡谷里，蔚然成荫，教会她，怎样敬畏生命。

只有我们拥有对于生命的敬畏之心时，世界才会在我们面前呈现出它的无限生机，我们才会时时处处感受到生命的高贵与美丽。地上搬家的小蚂蚁，春天枝头鸣唱的鸟儿，高原雪山脚下奔跑的羚羊，大海中戏水的鲸鱼等，无不丰富了生命世界。我们也才会时时处处在体验中获得"鸢飞鱼跃，道无不在"的生命的顿悟与喜悦。

# 我的情人，时刻相伴

说起虚荣，人们往往只重视外在的华美，却忽视了内在的充实和富足。时下就有不少这样的人，他们为追求享受，不惜欠下累累账单；为追求花容月貌，不惜重金整容……

弗莱明的基因农场新出品了一种苹果，他举行了一个盛大的午餐会来庆祝，半个镇子的人都来了。人们看着一个个形状、大小、颜色完全一样，和口红一样鲜艳，和梦露的身材一样性感的苹果，赞叹不绝。

只有老福克斯一言不发地吃着苹果，在人们欢快地跳舞、喝酒的时候，这位镇上最出色的老果农对弗莱明说：恕我直言，你的苹果长得很性感，但吃起来可没什么味道，你看，皮太厚，口感太软，没有什么人肯花钱买这种货色的。

弗莱明微笑着回敬道：我敢跟您打个赌，在一年之内，我的苹果能摆上全州的餐桌。

老福克斯撇着嘴离开了午餐会。没过多久，他就发现自己被苹果包围了，电视里、报纸上、超级市场的货柜里，全都塞满了这种性感的苹果。有一个电视广告最让他喷饭：一群女啦啦队员在扭屁股，屁股淡出，一排苹果淡入，然后有个男人用诚实的声音说，这些是"最好吃的苹果"。老福克斯想，让他们闹去吧，谁会吃这些难吃的塑料呢？

但是出乎他意料的是，弗莱明的性感苹果销路好极了。老福克斯出门做客，发现每一家的餐桌上都摆着这种苹果；人们探望朋友也不再送鲜花，而开始流行送性感苹果；圣诞节的时候，大家甚至把苹果挂在圣诞树上当装饰品。老福克斯小心翼翼地不去碰弗莱明的苹果，但是有一天，他的老伴却把满满一篮提回家来了。

"天哪，我不知道跟你说过多少次了，不要把这难吃的骚货带进家门。"老福克斯发火了。

"喂，老头，尝一个吧，"老伴说，"现在大家都吃这种苹果，好像没有什么人说它难吃呀。"

"哼，我种了六十年苹果，知道什么是好的。快把弗莱明的漂亮妞拿走吧，给我换个结结实实的小姑娘回来！"

"可是，外面现在只有这种苹果在卖呀。你不知道吗？现在全镇、全州的果园都只种这种苹果了。"

"什么？那脆生生的巴顿将军呢？那水汪汪的弗吉尼亚美人呢？那比巧克力还甜的朱丽叶三世呢？天哪，这些好孩子，难道我们要把它们抛弃？"

"谁让它们长得不好看呢？"老伴嘟囔着。

老福克斯发誓说，他一定要种出真正好吃的苹果。一段时间之后，终于有人发现性感苹果并不好吃。但是他们已经忘了以前的苹果是什么味道了，既然每个人都知道这是"最好吃的苹果"，他们就想：可能苹果这东西不对我的口味吧。越来越多的人不吃苹果了，但是他们总能收到别人送的苹果。既然大家都这么喜欢苹果，看来苹果还是个好东西，他们也就照例送苹果给别人，从来没有人觉得这有什么不对的。

这时，弗莱明也不失时机把性感苹果的广告词改了，广告词有两个版本，一个是"送给他一个小美人"，另一个是"送给她一个大帅哥"。

这一年，老福克斯的巴顿将军、弗吉尼亚美人和朱丽叶三世终于结果了。他把它们送给朋友们吃。经过他的耐心解释、亲身示范甚至赌咒发誓，满腹狐疑的朋友们终于相信了这是苹果，并且最终爱上了这种好吃的东西。

老福克斯走遍了每一个果园，把自己的种子送给他们，但是每一个果园主都告诉他：他们只种弗莱明的性感苹果，因为人们只买这一种苹果。

老福克斯只好守着自己的一小片地，每年种出的苹果还不够自己的朋友们吃。

性感苹果的广告仍然无所不在，它的销量仍然好得出奇。人们把它当作送人的礼物、玻璃柜里的饰物、孩子的玩具、宠物的饭后水果、学校的手工课原料、抗议活动的投掷物，等等，人们几乎都离不开它。还有一些美术家用它发明了"果雕"，一些前卫音乐家甚至把它制成了打击乐器。但是，几乎没有人想起来去吃它们了。

又过了很多年，人们已经彻底忘记了苹果的味道和用途，但是他们仍然在买弗莱明的苹果，并且把它送给朋友。百科全书里的"植物"及"食品"目录中已经找不到苹果，它被归于"工业"卷之"轻工产品"一集中。弗莱明家族仍然控制着全国的苹果工业，性感苹果的广告词已经变成了：我的情人，时刻相伴。

小福克斯家的几棵老苹果树仍然能结出苹果，在一次轻工业博览会上，他把他的巴顿将军、弗吉尼亚美人和朱丽叶三世带去，并和朋友们当众把它们吃了下去。

第二天，《艺术家》报报道说，一群行为艺术者昨天表演了令人激动的吞食苹果，表达了人与工业的某种神秘关系。而《新经济》杂志则尖刻地评论说，几个乡下青年带来了一些设计丑陋的小玩意儿，他们竟天真地把它叫作"苹果"，向弗莱明的工业帝国发起了可笑的冲击。虽然他们勇敢地把它吞了下去，但观众们显然把这看作一场马戏表演。


这是一篇极具讽刺意味的小小说，在文章中，弗莱明无疑是一名奸商，他制假售假，改变了人们对苹果的认知，而让真正的苹果淹没在历史的尘埃中。弗莱明固然可恶，但如果不是人们只重外表、缺乏主见而大量购买他的苹果，也不会出现后来的事。人们的盲目、贪慕虚荣才是苹果沉沦的根本原因。

# 小小的善事

　　不知不觉之间，"同情心"这个词仿佛只是挂在科学家、教育家和政治活动家嘴上的一句口头语，而离我们却越来越远。事实上，同情心不只是拓展你的道德空间的一个方式，它还是能改善我们自身生活质量的一种品质。

　　雪花在城市的上空欢快地舞蹈，寒风在四处流浪。受天气影响，一家小百货商店里没有一个顾客，女店主无所事事地为自己的双手美容，修了修指甲，又涂了红色的指甲油，然后望着漂亮白皙的手陶醉了。

　　这时，店门上厚重的棉门帘被掀开，一股寒流裹着一位妇女和一个十六七岁的少年进入店里，他们身上陈旧且笨重的衣服上堆了不少的积雪，看上去是一对母子。女店主从自己修长的手指上移开目光，热情地迎向她大半天才等来的第一批顾客。

　　母亲问有没有手套卖。女店主说有，便热情地介绍有羊皮的、绒线的、针织的。母亲说拿几双男式手套看看。女店主很快把几种男式手套摆在了他们面前。母亲和少年左挑右选，逐一问明价格。好一会儿，少年说："妈，就买一双绒线的吧，便宜些。"母亲说："天这么冷，你的手都冻裂了，还是买羊皮的吧，羊皮的既暖和又好看。"她选了几款羊皮手套一一给儿子的左手戴上，看了看款式，试了试大小，唯有一款不大不小正好合适，母亲便说："挺好，就买它了。"一问价钱，146元一双。母亲便解开上衣衣扣，从贴身的衣兜里掏出一摞零钞，先是10元，后5元，再2元、1元，直到硬币一一点给女店主，结果钱不够。

母亲说："姑娘，我还差5元，能不能便宜一点儿，这5块元就算了？"

女店主一口回绝说："不行，一双手套本来就赚不了几个钱，我一上午才等来你们这么一个买主，你再少给5元，我今天吃什么？"面对这位母亲几近哀求的游说，女店主始终无动于衷，一分钱也不肯让。儿子见母亲为难，说："妈，就买绒线的吧，还能省好几十块钱。"

母亲固执地说："不，我不能委屈了你的手。"她见店主不肯降价，又试探着问："姑娘，我钱不够，能不能给一半的钱，你卖一只手套给我？"

女店主十分纳闷："哪有买一只手套的？"

母亲解释道："哦，是这样……我儿子原来的手套丢了一只。"女店主直摇头："绝对不行！剩下的一只我卖给谁？"母亲无奈，便遗憾地从儿子左手上脱下那只羊皮手套，放在货柜上，对儿子说："咱们到别的店看看吧。"她拉着儿子向店门走去，当他们掀开厚重的门帘时，一股冷风"呼"的一声灌进店里。女店主忽然发现，被冷风掀起的少年的右手衣袖，像一只黑色的塑料袋软绵绵地飘荡着，原来这位少年压根儿就没有右手。

女店主陡然一惊，身上的某一处神经被深深触动，就在他们迈出店门的那一瞬，她大声喊道："请等一等！"母亲和少年回过头来，女店主说："我卖给你们一只手套。"

母亲付了73元，让儿子心满意足地戴上了一只羊皮手套，然后千恩万谢而去。

女店主再次端详自己的双手，那双手健康而且修长。她猛然发现，这双可以创造无数财富和人生意义的手是多么宝贵，尤其那些失去了一只手的人，剩下的一只手更需要加倍珍爱和精心呵护。

　　唯利是图与富有同情心是人性的两个层面，一个死抠的是价钱，一个展示的是价值。女店主虽然赔了钱，却感到十分欣慰。人往往挣再多的钱都没有满足的时候，而为行一件小小的善事，却会感到极大的满足，这便是价钱与价值的区别。

# 第四辑 CHAPTER 04
## 天使不死，爱不泯灭

一辈子是段太长太远的时光，

执子之手，

与子偕老的一辈子，

相濡以沫，

不离不弃的一辈子。

# 天使不死，爱不泯灭

有些人，一转身就是一辈子，突然间心里愣了一下，或许此次之后，便是一辈子的错过，一个转身，一个松手，轨迹全部改变了。一辈子是段太长太远的时光，执子之手，与子偕老的一辈子，相濡以沫，不离不弃的一辈子。

那是一个冷僻的文学论坛，去的人不多。

她总是午夜过去，看些文章，然后回几个帖。偶尔，他也会发一点随笔上去，文字淡淡的，却非常清秀。

他总跟她的帖，有时会写一些大学时的趣事。没曾想，他们竟是校友。

在学校时，不同年级，不同系，虽在一个校园读书，甚至在不经意间碰过面，彼此却不曾相识。谁会知道，毕了业分开了，反而聚到一起。

她也为这意外且惊且喜。要了他的QQ，遂开始了漫长的聊天。

那个撮合他们的论坛很少去了，夜夜在QQ上聊，开始喜欢上对方。

见面的那天，她白衣长发，在嘈杂的人群中静美出尘；他也是俊朗健谈，彼此一见倾心。

去看了电影，在电影院里牵手了。

出来时，月亮已高悬天际。

她说：真想一辈子我们都这么好，永远不吵架。这样一直一直往前走，永不转身。

他将她的手更握紧一些，然后说：傻丫头，会转身的，不信你试试。如果没有了转身，肯定两个人就该再见了。

她不明白，也没有再问，却不信。

他们开始热恋，每天都会打无数个电话，晚上要还腻在一起。一个出差到外地了，另一个必然会相思成灾。

有一天，两个人还是为了一件小事吵起来。之后，他们三天没见，却谁都不肯先拨个电话。她每天晚上都哭，以为他们真的完了。

第四天晚上，她打开QQ，看见他的留言。他说：丫头，我们和好吧。有人说，两个相爱的人之间发生了矛盾，第一个转身的人就是他们感情上的天使。这次，让我来当一回天使吧。

她含着泪笑了。他的转身挽救了陷入僵局的爱情。

以后，他们一直非常好。当然，还会吵架，只是吵完了，总有一个人会转身，转身之后，他们的感情会比原先还要好。

美好的爱情大抵如此，总会有无数次的转身，只要感情的天使不死，爱就不会泯灭。


如果两个人都是往前走，他们永远都只是平行，永不相交。当一个人转身之时，他们就会产生交集；爱情，也同样需要一个人转身，需要一个人来包容对方。唯有如此，爱情才能得以永存。无数次的转身，才铸就美丽的爱情故事。

# 千年的相思

佛说，前世五百次的回眸，才换来今世的擦身而过。今世人来人往，不知前世回眸过多少次？那些与己有情又失情的人，可是前世回眸不够，才不能相守一生？多少次与某人有情、有爱、有恨、有怨，那是前世怎样的回首？

女孩每天都向佛祖祈祷，希望能再见到那个男人。

她的诚心打动了佛祖，佛祖显灵了。

佛祖说："你想再看到踏青时那个惊鸿一瞥的男人吗？"

女孩说："是的！我只想再看他一眼！"

佛祖："你要放弃你现在的一切，包括爱你的家人和幸福的生活。"

女孩："我能放弃！"

佛祖："你还必须修炼五百年道行，才能见他一面。你不后悔？"

女孩："我不后悔！"

女孩变成一块大石头，躺在荒郊野外，四百多年的风吹日晒，苦不堪言，但女孩都觉得没什么，难受的是这四百多年都没看到一个人，看不见一点点希望，这让她都快崩溃了。

最后一年，一个采石队来了，看中了她的巨大，把她变成一块巨大的条石，运进了城里，他们正在建一座石桥，于是，女孩变成了石桥的护栏。

就在石桥建成的第一天，女孩就看见了，那个她等了500年的男人！

他行色匆匆，像有什么急事，很快地从石桥的正中走过了，当然，他不会发觉有一块石头正目不转睛地望着他。

男人又一次消失了。

再次出现的是佛祖。

佛祖："你满意了吗？"

女孩："不！为什么？为什么我只是桥的护栏？如果我被铺在桥的正中，我就能碰到他了，我就能摸他一下！"

佛祖："你想摸他一下？那你还得修炼500年！"

女孩："我愿意！"

佛祖："你吃了这么多苦，不后悔？"

女孩："不后悔！"

女孩变成了一棵大树，立在一条人来人往的官道上，这里每天都有很多人经过，女孩每天都在近处观望，但这更难受，因为无数次满怀希望地看见一个人走来，又无数次希望破灭。

要不是有前500年的修炼，相信女孩早就崩溃了！

日子一天天地过去，女孩的心逐渐平静了，她知道，不到最后一天，他是不会出现的。

又是一个500年啊！

最后一天，女孩知道他会来了，但她的心中竟然不再激动，

来了！他来了！

他还是穿着他最喜欢的白色长衫，脸还是那么俊美，女孩痴痴地望着他。

这一次，他没有急匆匆地走过，因为，天太热了。

他注意到路边有一棵大树，那浓密的树荫很诱人，休息一下吧，他这样想。

他走到大树脚下，靠着树根，微微地闭上了双眼，他睡着了。

女孩摸到他了！他就靠在她的身边！

但是，她无法告诉他，这千年的相思。

她只有尽力把树荫聚集起来，为他挡住毒辣的阳光。

千年的柔情啊！

男人只是小睡了一刻，因为他还有事要办，他站起身来，拍拍长衫上的灰尘，在动身的前一刻，他回头看了看这棵大树，又微微地抚摸了一下树干，大概是为了感谢大树为他带来清凉吧。

然后，他头也不回地走了！

就在他消失在她的视线外的那一刻，佛祖又出现了。

佛祖："你是不是还想做他的妻子？那你还得修炼。"

女孩平静地打断了佛祖的话："我是很想，但是不必了。"

佛祖："哦？"

女孩："这样已经很好了，爱他，并不一定要做他的妻子。"

佛祖："哦！"

女孩："他现在的妻子也像我这样受过苦吗？"

佛祖微微地点点头。

女孩微微一笑："我也能做到的，但是不必了。"

就在这一刻，女孩发现佛祖微微地叹了一口气，或者是说，佛祖轻轻地松了一口气。

女孩有几分诧异："佛祖也有心事？"

佛祖的脸上绽开了一个笑容：因为这样很好，有个男孩可以少等1000年了，他为了能够看你一眼，已经修炼了2000年。


遇上谁，爱上谁，那是我们前世积下的缘分。前世没做好准备，那人就算天天在眼前出现，每天制造机会也无济于事。有时候，他条件好得无与伦比，但对于自己来说就是绝缘体，那是在前世没有为今生做好准备，因此今生才无缘一起。

# 原来他一直记得

　　爱可以是一瞬间的事情，也可以是一辈子的事情。每个人都可以在不同的时间爱上不同的人。不是谁离开了谁就无法生活，遗忘让我们坚强。

　　20年后，她仍记得那年春天的种种细节。那年她7岁，上小学一年级。放学后她背着书包去医院看母亲。

　　母亲摸着她的头说：你瘦了。

　　她顿时想起了自己的千般委屈，埋头在母亲病床边，哽咽地说：妈妈，我想吃你做的菜了，爸爸炒番茄蛋都不放盐……

　　两周后，母亲去世。一年后父亲工作调动，带着她来到成都，很快她有了继母，还有了小弟弟。时光流逝。她上寄宿中学，上大学，毕业后来到深圳，从此没回过小城。

　　20年里她很少与人谈起母亲。后来与他相识，拍拖，也很少提起从前的事情。

　　她只是偶尔在心中想起，童年时，母亲做的菜是何等美味。她最爱吃的是青豌豆焖鳝鱼，春天新出的嫩豌豆配上酸菜和泡椒，鳝鱼切段，爆炒后加汤慢慢焖，快出锅时撒上切碎的鱼香，奇异的香气曾弥漫她整个童年——鱼香，是她出生的川南小城特有的香料植物，叶片和茎像极了后来她在深圳看到的紫苏，只是颜色碧绿而非深紫，香气也比紫苏更多了些凛冽。

　　她和他相爱两年，一朝分手。分手前一晚他们决定共同做最后一餐饭，然后告别。

在菜场看见那束叶片时，她心中狂喜，拿起来的时候手都发抖了。然而她很快发现那不是她记忆深处的香气。真正狂喜的是他：深圳也有我们湖南的紫苏！他迅速买了一小把，说回去烧鱼。他太兴奋，或许是用兴奋来掩饰分手的尴尬，以至于忽略了她失望的眼神。

那一晚，紫苏的气味终于牵动了她的泪腺。

分开后，他时有电话打过来，她一律淡淡应对。她体验过生命中太多的失去，母亲不在了，父亲有新家了，颠沛流离的生命中，失去是注定的，他的离开又算得了什么？

大半年过去，她仍是独自一人。一天晚上，她下班回到宿舍，门铃忽然响起。她警惕地把门打开，外面站的却是他。他的手里，握着小小一把碧绿的叶子。

她如遭雷击。慢慢地，她伸手拿过叶子，送到鼻子下面，深呼吸……

他扬了扬手中的袋子：来，帮我洗菜。鳝鱼、酸菜、泡姜、大蒜、泡红辣椒、嫩豌豆。还有，那小小的一束，鱼香。他说，我出差，去了你的家乡——不是成都，是川南小城。

他在一家小餐馆学会了做豌豆焖鳝鱼。

她困惑：我从未讲过，你如何知道？他淡淡道：分手那晚，你醉了，哭着，讲给我听。

原来她终于说出来了。原来他一直记得。

一餐饭结束，他告辞离去。关上门，她再度抬手，深呼吸——手上，满是鱼香的凛冽之气。

我们都渴望白头偕老的爱情，但有时白头偕老却无关爱情。人生最难过的，莫过于你深爱着一个人，却永远不可能在一起。那些嚷着要爱情的人，只有在被爱情伤害后才会明白，忍耐是一种深沉的爱，不是每个人都能懂得珍惜。和一个愿意忍耐你的人牵手，远比那些只会给你风花雪月的人来得更长久。

# 俯卧的姿势

　　爱是无偿的付出，是心甘情愿的帮助，是彼此心灵的感应，既然选择了爱，就要真诚地对待它，珍惜它，在他（她）困难时予以支持，失败时予以鼓励。

　　婚礼后，他和她商量去敦煌度蜜月。

　　一路上，两人恩爱交织，狂喜窃笑皆成涟漪，夜宿边关望明月，晓闻羌笛报晓声，恨不得一生一世如此相守。胡天八月，风沙连天，高大的他总是为瘦小的她举一把伞，怕她白皙的皮肤被强烈的紫外线晒伤。她一直是那么瘦。

　　跟着旅行团去楼兰遗址。夕阳刺眼如血，风干的石窟上百孔千疮，诉尽了沧桑，她不时被路边胡杨树上旋起的秃鹫吓得惊叫。导游笑着告诉大家，别害怕，那些飞禽只吃死尸。

　　夜了，汽车突然爆胎，众人只好弃车而行。她的脚崴了，他陪着她一步步慢行，渐渐地掉了队。他背起她，向着远方的灯火蹒跚而去。大漠的天气喜怒无常，转眼间刮起沙暴，他把她藏在背风处，用脊梁替她遮挡风沙。一切风平浪静后，他又背着她赶路。

　　她心疼他，要他歇歇。他笑了笑说不要紧，然后舔了舔干燥的嘴唇继续前行。他不敢停下来，因为他知道，刚才的沙暴，卷走了他们的背囊。他没有告诉她。

天亮了，远处的灯火逐渐消失。他还没找到路，她发现背囊丢了，顿时惊慌起来。他笑笑，摸着她的长发，说不要紧，有我呢。夜幕再次降临，他们筋疲力尽，却又望见远处的灯火。她走不动，他又将她背起，身后留下一个个深深的脚印。

第三天，他也没有了力气。她的眼神开始绝望，趴在他怀里哭。他好言相慰，抬头之间无意看到飞逝的流星划过夜空，心中有了答案。他计算好了一切，陪她说话，不再着急赶路。他知道，远方的灯火，只是天边的星光。他和她，早已经走进绝境。

白天，她渴得快要昏迷，肌肤上泛起一层层脱落的皮，泛着淡淡的红。他看着心疼，说我们不走了，很快会有人来的。伞早已经不见，他用双手撑地，将她放在自己的影子中，任凭阳光侵袭着后背。他一直这样的坚持，看到她憔悴的面容，干裂的嘴唇，落下泪来。每一滴都溅在她的唇间。而她，却已经不省人事。

他们失踪的第六天中午，营救小组望到沙漠深处不时飞起几只秃鹫，他们心生疑窦，走近看时，便有几个人失声痛哭：他早已死去，却还保持着那种俯卧的姿势，双手深深地插入沙里，后背被秃鹫啄得血肉模糊。而她，完好无损地躺在他的影子里，宛若熟睡。

两个月后，她恢复健康，在他坟墓旁搭了间木屋，给他的墓旁种满植物，梧桐树、常青藤……一片稠绿如绘，浓郁的树荫遮住了墓碑。

她也要他，一生睡在自己播种的影子下，清凉如泪。


爱上一个人容易，等平淡了后，还坚守那份诺言，就不容易了。爱，从来不是迎合。吵不散，骂不走，才算是真爱。其实，真爱一个人，你会陷入情不自禁地旋涡中。他让你流泪，让你失望，尽管这样，他站在那里，你还是会走过去牵他的手，不由自主。

# 鱼　眼

爱情是用语言很难形容的，还需要自己亲身体验的，有人说爱情很苦，却每个人都奢望着他。有人说爱情很甜，却又为了他流着泪。愿你在爱情路上勇往直前，遇到属于自己的爱情，幸福一生。

第一次与男友吃饭——哦，不，是前男友了——是在一家淡水鱼餐馆。

那时，她刚大学毕业，很矜持，话很少，只低着头笑。

一条鱼，一条叫不出名字的鱼，是那天饭桌上的唯一一个荤菜。鱼身未动，男友先搛起鱼眼放到她面前："喜欢吃鱼眼吗？"

她不喜欢，而且她也从来不吃鱼眼，但却不忍拒绝，羞涩地点了点头。

男友告诉她，他很喜欢吃鱼眼，小时候家里每次吃鱼，奶奶都把鱼眼搛给他吃，说鱼眼可以明目，小孩吃了心里亮堂。可奶奶死了后，再也没有人把鱼眼搛给他了。

其实想想鱼眼也并没有什么好吃的。男友笑着说，只是从小被奶奶娇宠惯了，每次吃鱼，鱼眼都要归我——以后，就归你了，让我也宠宠你。男友深深地凝视着她。

她想不明白，为什么鱼眼就代表着宠爱。明不明白无所谓，反正以后只要吃鱼，男友必会把鱼眼搛给她，再无限怜爱地看着她吃。

慢慢地，她习惯了，习惯了每次吃鱼之前都娇娇地翘起小嘴等着男友把鱼眼挟给她。

分手，是在一个寒冷的冬天，那时男友已在市区买下了一套房子打算结婚了。她哭着说她不能，不能在这个小城市过一生，她要的生活不是如此。余下的话她没有说——因为她美貌，因为她富有才华，她不甘心在这个小城市待一辈子，做个小小的公务员。她要如男人一样成功，要做女强人，要实现她年少时的梦想。

他送她走时，她连头都没有回一下，走得很坚决。

在外面拼搏多年，她的梦想终于实现了，她已经拥有一家像模像样的公司了，可爱情始终以一种寂寞的姿态存在，她发现自己再也爱不上谁了。

这么多年在外，每有宴席必有鱼，可再也没人把鱼眼挟给她了。她常常在散席离开时回头看一眼满桌的狼藉，与鱼眼对视。

一次特别的机会，她回到了曾经生活过的那个小城。昔日的男友已经为人夫了，她应邀去那所原本属于她的房子里吃晚餐。他的妻子做了一条鱼，他张罗着让她吃鱼，挟起一大块细白的鱼肉放到她的碟子里，鱼眼给了他的妻子。

这么多年无论多苦多累都没掉过眼泪的她，忽然就哭了。


若要结婚，就嫁给一个视你如宝贝的男人，他会宽容你的小毛病，原谅你的不周到；他能照顾你，仿佛你是他的小妹妹；他能溺爱你，仿佛你是他的小宠物；他能赶走你偶尔冒出来的坏情绪，他能抱着你睡觉，给你做枕头，冬天不嫌你冷，夏天不嫌你热。

# 幸福曾经是如此简单

*爱情让人感动，爱情使人陶醉。在孤寂的岁月里，爱情的温柔可以解脱那份孤寂。无论是黑夜还是黎明，不管是梦中还是清醒，深深地爱一个人，怎样都会散发着幸福的味道。*

他和她的故事是我所遇见的最迷人最深刻最忧伤最宽广的爱情。

他说她的人生经历了两次黑色的秋天，一次是含冤被打为"右派"，一次就是现在。

这是我有生以来第一次出席葬礼，第一次来到被叫作殡仪馆的地方。

早晨7点，我就乘车来到了这里，这儿看上去就像一个普通的小工厂，只是大门口一个阴森的"奠"字直慑人心，让我下意识地提一口气，抓紧了黑色的连衣长裙的下摆。我一步步地朝那一堆有我认识人的黑衣走去，那一群黑色中有我熟悉的，也有完全没有见过的。我看到我熟悉的那些人全部穿着统一的黑色，有种古怪的感觉。

爸爸说："我们去看一看卫生和化妆的工作做好了没有，你一个人就去陪陪他吧。"顺着他手指向的方向我看到了一个清瘦的老人失神地坐在台阶上。那是死者已经七十几岁的丈夫。我点了点头，安静地走过去，坐在他的旁边，轻轻地握住他的手。

那是一双冰冷的只有皮包裹着筋骨的满是皱纹和苦难的颤抖的苍老的手。

我要参加的这场葬礼是一个女人的葬礼。被安排在今天早上的第二场，在东南角的梦寝厅里举行。梦寝，原来火化厅也可以有如斯美丽的名字，但愿已故的她真如梦寝一般长长久久地睡下去，不知道是否梦见了第一次与他的相遇。

……

他是徽商丝绸大家的少主人。他，少年书生，最是斯文清秀。她是他家的家生子，跟着父亲演戏，都是他家的下人。但她，也是远近闻名的水灵乖巧，一曲黄梅调唱得门前的小溪都打了几个转儿。

都是最鲜嫩的年纪，他们就遇见了。

或许，是他刚从私塾里放学回家，碰巧路过侧房，就看见院子里自顾自陶醉在戏文中，款款挪动莲步，和着唱腔舞动水袖的她，不由得被那样清凉透明的声音牵绊住脚步，驻足侧耳。直到太阳落到山的那头去

直到树上的小鸟儿都飞回了窝里，直到，直到她蓦然回首发现了他。脸倏地就红得和天上的晚霞一般，低着头道声"少爷"，还未等他回答，就扭身羞涩地跑回屋里了。

或许，是她负责打扫他的书屋。她轻柔地擦拭着书桌、椅子、笔架、香炉，带着满心的喜悦忙碌着，一点一点地触碰这些他的东西，然后发现了书桌上那首临了一半的《虞美人》，不禁捧起来碎碎地念道："碧桃天上栽和露，不是凡花数……"纸上尚有浅浅的墨香，就和他疏朗的眉目一般。一念就是好久，连他进屋了都没有察觉。她凝望着纸上的诗句，倚在门框上的他凝望着她。

两情相悦，两心暗许。

一抬眉，一低眼，一辈子就拴在一起了，从此不离不弃。

……

粗鲁的哭喊声陡然响起，惊得我慌忙把思绪收了回来。原来第一场的告别仪式开始了。我惊讶地望着那一队真材实料的孝子贤孙们，由一个人领哭，众人合哭，捧着遗像，披着麻戴着孝一路往大厅挺进，一路鞭炮不

停。他缓缓地对我摇了摇头说："她不喜欢这样，我们，不这样。"我宽慰老人道："对，我们不这样。"

我知道他们的故事本来就是和世俗理念无关。

……

他的家庭怎么可能允许产业的继承人娶家里的丫鬟过门。

可是他们相爱。年轻的他们坚定地彼此誓约，如果这里让他们相爱当然最好，否则，就离开。

私奔。这个在我眼里仅是古老传说中的美丽诱人的字眼，他们做到了。真的什么都不要了，只要他有她，那么即使海角天边，也去得了。繁华的家业和夺目的地位，通通不及她嘴角眉梢的一丝笑意。

远走高飞。

其实也不是很远，只是来到了一个相对安静悠远的小村庄，"绿树村边合，青山郭外斜"。过起"你耕田来我织布，你挑水来我浇园"的农家生活。虽然艰苦，但是自在。他闲来无事就写写戏文，写一出缠绵别致的有关爱情的戏文，由她来演绎，在丰收或者过节的聚会上唱给邻里村民们听。她实在是天生的好演员，即使再简陋的舞台上，一开腔，一亮相，便全身心地融进戏里，动作灵巧，唱腔清丽，况且又是心爱之人为自己写的唱词，更是默契万分，戏不迷人，人自迷。渐渐的名声传了出去，镇上的剧团如获至宝，把两人一同请到剧团工作，一个是戏文主编，一个是当家头牌，妇唱夫随，日子过得富裕了起来。而这个时候，她，也开始孕育着他们迷人爱情的果实。

孩子出生了。

他和她就不再仅仅是少年恩爱的夫妻，还努力地扮演好父亲和母亲的角色。他时常抱着孩子到戏院子里看她在台上演出，当观众鼓掌喝彩时，就微笑着告诉孩子，你看妈妈多棒啊。然后绕到后台等她卸了妆，便一家三口和和美美地把家还。真是神仙日子。

神仙般的日子一直持续到他们的孩子6岁左右。然后那场浩劫就陡然降临了。

时间差不多到了，我扶着他缓缓地往灵堂方向走去。天阴沉了下来。"这是第二次的黑色秋天。"他喃喃道。眼睛枯涸。

他将那场浩劫称之为生命中无比黑暗萧瑟的秋天。

……

他大概怎么也不会想到早就被他抛弃的家业，哦，不对，也许应该说"成分"，导致了他人生中第一场黑色秋天的降临。

莎士比亚说但凡悲剧就是把美好的事物摔碎在世人面前。其实不只是戏剧，生活有时比悲剧更甚。

十年劳改。沧海桑田。

我想我永远无法理解那是个怎样的年代，也无法想象他和她还有那个孩子是怎样度过那十年。十年，对于一个孩子，足以决定他今后一生的性格和气质；对于一个女人，足以耗尽她所有的青春和对生活的热情；对于一个男人，足以在他一辈子的道路上留下刻骨铭心的伤痕。

他劳改了十年，受尽了精神上和身体上的各种折磨，她被迫和他离了婚，独自带着孩子背负着屈辱和痛苦生产了十年。他们的忍耐到底有没有极限，或者是早就过了极限。

等平冤昭雪后，他疯狂地歇斯底里地到处寻找早已没了音信的妻子与儿子。终于，在那个他们开始生活的小村庄里，找到了几乎认不出的妻子，和那个已经长大成人的孩子。

相顾无言，唯有泪千行。

据说，当他们相拥着两次走向民政局办理结婚证时，在场的所有人都痛哭流涕。再黑暗的秋天也不能让他们放弃对彼此的爱的信仰。

秋冬过去，春天该要到来了吧？

经过那次炼狱的人们，个个仿佛转世投胎，和之前的自己完全不同。他们变得谨小而慎微，小心翼翼地生活着，生活平静却不见真实的欢乐。恢复元气是一个漫长的过程。

直到他们退休了，有了孙子辈，被儿子接到城市里颐养天年的时候，才渐渐有了从生活中感到的欣慰，生命中最重要的苦难被孙儿粉嫩的小脸逐步取代。就如同所有的老两口一般，他们蹒跚着幸福着，在生命最后的那抹夕阳红里。

……

通过一小片树林，就看到了一栋白色的平房，门敞开着，聚集着一些穿黑色衣服的人。那里，就是她的最后一站，他要亲自送她。灵堂门口遇到了医院里的护士和医生，他们握着他的手，脸上有真实的悲痛感。

毕竟，朝夕相处了三年有余。

戴眼镜的主治医生面对眼前形同枯骨的老人觉得万分歉疚："老人家，您节哀，我们尽力了却……"

"不，不关你们的事，是我无能，没有保护好她。"他闭着眼睛摇了摇头。

……

突然某一天她就病了，急忙去医院，就已经到了癌症的中期。情况一天天地差了下去，化疗，手术；再化疗，再手术。她的生命像一盏油快烧完的灯，慢慢地黯淡。

因为长期卧床，她需要随时被动地按摩和翻身，进食排泄洗澡都不能自理，化疗后的痛苦反应，等等，都没有让他后退。三年来，这个已过古稀之年的老人细心周到地照料着他的老伴，像呵护娇嫩的花朵一般直到她生命终结前的最后一秒，没有片刻间断。

我也在病中探望过她。我总是不知道该做出如何的反应给病床上的她看，是宽慰、逗乐，还是别的什么，因为只一眼，我就忍不住掉下泪来。

她是怎样在舞台上风光鲜亮在生活中充满情调的女子，却沦落到生活不能自理地缩在被子里，浑身插满了粗粗细细的管子，一头的青丝也因为化疗而掉光了，身上浮肿得厉害，到最后丧失了语言的功能，那优雅的嗓音只能呜咽着。

有的时候觉得她好小好小，身形像个婴孩，眼神透彻直达人心，不言不语。生命就这样无端地给了她一重又一重的苦难。

好在他总是在她身旁，握着她的手。有时她稍微好转的时候可以开口，就对他说，如果下辈子，你家里还有一个小丫鬟的话，那一定就是我。他就会微笑着抚摩着她的胳膊，告诉她那么我下辈子还要和丫鬟私奔。

生死契约。

……

父亲走到我和他面前，低声说是时候了，可以排队进去了。于是我扶着颤抖的他进入了那扇最后的门。中间是巨幅的黑白照片，上面的她端庄安静。整个灵堂里没有花圈，而是铺满了鲜花，那种产自他们那个小村庄的不知名的小白花。花海的中间是水晶棺木，里面，是他一生一世的妻。他看到后猛地挣脱开我，跌跌撞撞地扑了过去，颤巍巍地把自己贴身的一件背心轻轻地放在了她的怀里，又最后摸了摸她的面颊，轻轻地唤她的小名："小妹，小妹……"

我咬住嘴唇一面落泪，一面想着要为她做的最后一件事。转身来到了音乐室，跟工作人员说明这场告别仪式的音乐我们自己准备。掏出事先录制好的磁带放进去，轻轻地按下开始。

是她最得意的一段唱腔——《梁祝》。

哀怨的小提琴声中，人们开始绕着场行礼。因为要控制音乐，我只能站在音乐室里往外看。我看到他走上前去喊道：小妹，你等着我，你等着我……

看到父亲走上前去哭泣：妈，您安心地走吧，这辈子您太苦了，现在好好休息吧……

然后我跪了下来，轻轻地问：奶奶，这是我最后能帮您做的事情，请您放心，我会代替您继续爱爷爷。

……

我在每一个失眠的夜晚总是会怀念爷爷把我抱在膝上教我念着才子佳

人的戏文，看奶奶托着水袖在院子里缓缓舞动时的暖暖温情。

在他和她的故事中，幸福曾经是如此简单的事情。

因为爱情，我们不会轻易感到悲伤，所以一切都是幸福模样。因为爱情会生长，所以我什么时候都可能为你疯狂。因为爱情，这世界不再存在沧桑；拥有爱情，我们仍然是年轻的模样。因为爱情在那，所以没有悲伤，我们的眼前全都是美好。

# 深藏的暗恋

当真命天子出现，我突然就明白，从前喜欢过或是以为自己爱过的那些人，不过是历练，使我长大和蜕变，一切一切，都是为了恭迎你的出场。你早已经在时间的另一端等着我。我们的相逢，天意常在。

"下一位。"施然发出浑厚而清晰的召唤声，传出了总经理办公室的大门。

为了拓展公司快速成长的业务，也为了给公司注入新鲜的血液，前段日子，年轻的企业家施然在各类媒体上发布了不少高薪招聘的信息。经过人事部近几个星期的选拔，终于从合格的上百人中筛选出最出色的五名。今天，他挤出一下午的时间，亲自面试他们。

面试令他很满意，前四位的表现，无论从口才、应变能力、专业水准，还是从资历上，都表现出超人一等的水平。这既让他欣慰，又让他感到不安。欣慰的是自己的公司在社会上还是有一定知名度的，竟能吸引这么多优秀的人才。不安的是通过交流他隐隐感到自己的思维模式已有点跟不上这些受过真正高等教育的高才生了。

这是最后一位了，而且还是女性。施然首先看了看简历上的照片，好个清秀别致的女孩，他不由地发出感叹。感叹之后，却有种似曾相识的感觉涌上心头，但一时又想不起她是谁。

他回头看姓名，她叫汪颖，又一种特别的熟悉感油然而生。再看她的户籍，他心一愣：怎么和自己老家的地址一样，难道是她，不会这么巧合吧。施然的内心顿时像滚滚的江水翻腾起来，但他还是不敢相信会有如此的巧遇。

他又回过头仔细端详了一下照片，涩涩的青春记忆在模糊的大脑里慢慢沉淀下来。

那年，她考上了北方的重点大学，他却意外地落榜了。

那年，他没有一点脸面去见任何人，当然要特别包括她；她却很有面子去见任何人，可是她见了很多人，却没去看他，不知是怕伤害他还是早已忘了他。

那年，他想了很多，悬殊的差距和她不近人情的行为让他彻底地失望，最终决定南下广州去找精通电脑的小叔；她当然毫无顾虑、风风光光去上了她的大学。

也是那一年，他们就彻底断了联系，尽管施然能通过同学找到汪颖，但年少气盛的性格始终使他放不下面子，他还是觉得应该找个远离她、容易忘却她的地方，让时间和空间来熄灭这个还没有燎原的火星，来了断这段还未算开始的爱情。他不想再受她的影响了，也许不是她，他也不至于在临近高考的那段日子里把成绩落下这么多，也不会凭空多了这么多缠绕在灵魂深处的烦恼。

那时，他顿时感到自己长大了，成熟了，懂事了。

冬去春来，时过境迁，不知不觉中他们竟分开了快十年之久。

在最初的几年里，施然就是凭着这种痛苦刺激下的动力，一边在小叔工作的电脑公司打工，一边努力地自学电脑和其他各科知识，在很短的时间内，他不仅拿到了自考本科文凭，还很有心计地掌控了公司不少的客户。

在良好的经济环境和巨大的市场空间下，打了几年洋工的施然竟辞掉了工作，在二叔的帮助下创建了自己的电脑公司。在繁忙的工作中，他渐渐地忘记了以前那个曾深深伤害过他、刺激过他的女孩。

"可以面试了吗？"一个甜甜的声音打破了沉默。

施然突然感到自己的失态，慌忙把思绪拉回到现在。

他低下头，装着认真地看简历，并用简历挡住了大半个脸。

他没直接去注视对面人的脸，他怕真的是她，如果被认出来，那该是多么的尴尬，多么的难堪。

"汪颖是吧，名牌大学毕业生，有两年多工作经历，还是从北京过来的。"施然低着头，胡乱地说着。

"是啊。"汪颖平静地说，似乎并没发现什么异常。

"首先感谢你对本民营企业的关注。"在复杂狡诈的商海里，平时能在任何紧急时刻镇定自若、游刃有余的施然，此时额头却紧张地渗出细密的汗来。

"其实你们公司是非常有潜力的，短短的三四年竟能发展到这种地步，实属罕见。"施然很是奇怪汪颖对公司的历史了解这么多，并感觉她是个洞察力蛮强的女孩。

"谢谢，汪小姐太过奖了。"听了汪颖的夸奖，施然心里顿时充满了自信，心情也平静了许多，他甚至还觉得一个拥有上千万资产的企业老总，怎么还会怕见一个打工仔呢。

想到这里，他就慢慢把简历放到桌上，可他仍没有勇气抬起被厚厚玻璃镜片隔着的慌张而心虚的眼神，只是露出圆圆的、白净的胖脸。他还是装出专注凝神地看简历的样子，似乎那上面有看不尽的内容。

奇怪的是对面的汪颖还是没有什么异常的反应，反而让她误认为这位年轻老总对招聘是那么的认真负责，还露出了崇敬的神情。

施然很纳闷，心想：这肯定是搞错了，虚惊一场。他稍微松了一口气，伸起有点酸的脖颈，用眼睛瞟了对面的应聘者一眼，但又慌忙低下了头。

坐在面前的不是别人，正是当年他深深暗恋的女孩。虽说这么多年来，她也有蛮大的变化，可她的鹰钩鼻和尖尖的下巴，他怎能忘记。可她怎么会不认得自己呢？是她假装不认识，还是因最近几年发福而改变了以前的模样，还是当年根本就没把他放在眼里。施然的脸上掠过一丝落寞，紧张的心也骤然放松下来。他定了定神，稍稍抬起了头，端正了一下坐姿。

"那你怎么大老远从北京跑过来，那边不好发展吗？"他仍没敢仔细地去注视她，只是问了一个他最疑虑的问题，然后又低下眼神。

"因为丈夫被他公司派到这边长驻，而且广州离我湖南的老家近些。我们想在这边定居，所以就过来发展。"汪颖依旧平静地说。

"哦，是这样。广州不仅是一个充满激情而且还到处充满机遇的城市。"施然随便地应承着，其实他的心已低落到了谷地。

他又胡乱地问了其他的一些问题，最后站起来，绅士般地和汪颖握了握手说："你的条件都比较符合，我将会和人事部做最后的探讨，在你们五名精英中挑选三个作为本公司的高层人才，请你回去等通知，我们将在最快的时间通知你。"

"好的，谢谢经理，再见。"汪颖仍旧用甜润的声音回复着，然后就挎起一个小巧的包，向外走去。

当汪颖走到门口时，施然突然叫住她，憋了半天才磨出一句话："汪……汪小姐，看你好面熟的，我……我姓施。"

"是吗，施总？您让人感觉也很面熟，您不像一个老总，倒像一个学生，不过要是瘦一点就更像了。"汪颖莞尔一笑，开玩笑似的回答着。

她并没有发现什么，尽管施然这样提醒她。

施然怎么也想不通，她竟会不认得自己。他苦笑着摇了摇头，长嘘了一口气，然后从桌子上拿起一支烟放到嘴里，他并没有立即点着。似乎有点累，他先是把整个身子深深陷入豪华柔软的沙发椅子里，并潇洒地把两腿叠加在豪华的老板桌上，紧闭着双眼。稍稍休息了一下，才又拿起打火机点燃了烟。

缭绕的烟雾随着他的思绪升腾起来。

那时正是澳门回归的前两天，学校搞了一次演讲比赛。当时施然和汪颖分别代表高三（2）、高三（3）班参加了比赛。

"21世纪的钟声快要敲响，祖国母亲定会带着出息的儿女们——香港、澳门，还有中国台湾，在新的世纪里更创辉煌！"最后一位选手汪颖铿锵有力、富有感情地刚演讲完，全场就报以热烈的掌声。让人奇怪的是，她的竞争对手施然竟独自站起来，边使劲地鼓掌，还边大声地叫好。

大家都投以好奇的目光，他全然不顾，只见两片红霞飘到了汪颖的面颊上，她低着头瞟了施然一眼，羞答答地下了讲台。

只有施然的班主任不满地瞪着他，其实施然心里明白，现场的反应占演讲总分的百分之二十，如果最后一位选手汪颖拿不到第一，那他一定会夺冠。然而他煽情的行为带动了全场的气氛，当然也提高了汪颖的分数。最后，他仅差了一分落了个第二名。

施然并不后悔，看着汪颖能拿到冠军，他心里由衷地高兴和兴奋，甚至比他得了第一还快乐，因为从此他可以与久久暗恋的心上人相识了。

接下来的日子是施然人生中过得最快，心情最开朗的。他可以顺理成章、名正言顺地去向汪颖借自己并不需要的东西，或某个晚上突然从她回家的路上冒出来并送她回家，或某个星期天邀她到公园去补习功课……

反正他可以找出千奇百怪、花样百出的理由来创造与她接触的机会，她们在一起谈过学习、爱好、前程，但从来没谈过感情。当他感觉可以开始谈的时候，高考的时间却不知不觉已逼近，在各方的压力下，他只得强压住自己的爱恋，行为上也收敛了很多，不再过多地打扰她。

其实在真正相识之前，施然就注意汪颖很久了，也不知道哪一天的放学后，身着白色连衣裙的她从施然面前走过，她步履轻盈，在阳光的照射下，使得她在花花绿绿的女生中间显得是那么与众不同。

从此，活泼的施然开始沉默了，开始发呆了，上课的注意力也不集中了，课间时间老是喜欢往隔壁班的后门口蹭。最后因常去，使得隔壁班坐在后门的几个同学一见到他就叫：二班的神经病怎么又来了。

可施然并不在意，让他在意的是怎么才能认识汪颖，这个问题着实难住了这个聪明的学生。

然而，施然的变化也引起了同桌张迈的注意，张迈可是他的"狐朋狗友"。他问清了施然青春期的烦恼后，竟哈哈大笑地说："原来如此，这有何难。"

这时，电话铃响了，打断了施然飞扬的思绪。

施然不情愿地把双腿放下，把烟头碾灭，慢腾腾地拿起电话，不耐烦地回应道："你好，我是施然。"

"你好，施总，我是人事部，是想问一下，新招人员确定下来了吗？"

"哦，这个主要看你们了，我觉着这五位都蛮好的。"施然不假思索地回答，好像还没回到现实中来。

"既然施总没什么意见，就选二号、三号和五号吧，您看怎么样？"

"什么，五号！"施然把嗓门提高了八度，接着他似乎意识到自己的反应太大了，忙又舒缓了一下语气，"这样吧，等明天我们最好开个会讨论讨论。"

施然重重地放下电话，关于汪颖，他的确搞不清是放弃，还是每天面对曾深深爱过、但现已另有男人的女人。

他的心很乱，乱如麻。

他站起来，走到窗口伸展了一下慵懒的身体。可能已到了下班时间，窗外的行人和车一样匆匆，应该都是朝自己的温馨家里赶吧。可施然并不想回他那个空洞的家，因为它太不像个家了，每天只有他一个人。特别是在黑暗淹没他的时候，孤独就开始侵蚀他了，寂寞也开始折磨他了。

这么多年来，其实他并不是找不到合适自己的人选，他只是怕那种特别伤人的感觉，怕得情愿不进入让人人羡慕、渴望的美好爱情。

于是，他封闭着自己，一心扑在事业上。幸好，事业没让他失望。

施然慢慢抬起头，无神地望向远方，脑海里却又浮现出当年张迈给他出的认识汪颖的三个馊主意，现在想起来是多么的幼稚可笑。

当时，他们还密谋了好几天，精心策划出三个方案，还被美其名曰为上中下策。

### 上策：抛"书"引玉

预想情景：

在放学回家的路上，骑着借来的山地车，随身携带着一本也是借来的、厚厚的参考书，上面最好还要写上带有艺术字体的大名和班别，最好还写上一些特哲理、特激励人的座右铭。当赶上她时，就不经意地把书丢到她不远的前方，她看到就会叫你，到时你就潇洒地回个头，酷酷地笑一笑，就什么也不要管了，径直骑着车远去，留下优美的骑势和魁梧的背影。

等到下次上课前，她就会自动找上门来，温柔地问你："你是施然吗，这是你的书吗？"

你就故作惊讶地说："哎呀，被你捡到就好了，那天回去发现书丢了，我都吃不下饭了。你叫什么名字？我要好好谢谢你。"

实施结果：

施然穿着黑色的风衣，头上用定型胶把头发胶得像刺猬身上的刺。按着早已打探好的路线，他飞快地追赶，没多久就看到了她那纤细的背影。

可就在施然刚刚要超过她时，她却无意来了个回眸一笑，彻底打乱了他的心，也打乱了胸有成竹的计划。

施然不知所措、满脑空白地骑着车飞快超过去，却忘记了丢那本起决定性作用的参考书。后来，突然想了起来，也不管她在后面离自己有多远，就把书一丢，撅着屁股仓皇地逃跑了。

可过了好几天都等不来送书人，最后只好赔了一本书，还遭了一顿数落。

### 中策：英雄救美

预想情景：

下晚课后，张迈从外校找来一些"流氓"，可这些"流氓"竟然连酒也不会喝，只好买了一瓶高度酒，然后把酒洒在他们身上，扮作酒鬼。在一个浓浓夜色的晚上，几个"酒鬼"堵在汪颖回家必经的路上，欲向她进行骚扰，胆小怕事的小女孩肯定会被吓得大呼小叫、魂飞魄散。

正在危难之时，施然突然冒出，对着"酒鬼"们大声呵斥，竟还被他们拳打脚踢了几下，他全然不顾自身的安危，奋起和他们争斗，最终还是救下了即将落入"狼口"的"小羊"。

然后就在黑暗而曲折的巷子里，一边温柔地安慰着，一边英勇地护送着瑟瑟发抖的"小羊"回家。

实施结果：

汪颖比想象中要勇敢得多，当那几个气势汹汹的"酒鬼"还没来得及靠近，更没来得及做什么，她就非常警觉地、稍微大声地、还不失温柔地说了一句：前面派出所的灯怎么还亮着呢。

还未说完，那一群人就如鸟兽散，转眼不见了踪影，气得施然在背后直跺脚，大骂张迈怎么叫了这么一群胆小鬼。

**下策：以毒攻心**

预想情景：

放学回家的路上，施然骑着自行车在背后不偏不倚、不轻不重地撞向这个瘦弱纤纤女孩，最好是撞得影响到行走。然后把她送到附近的医院，包扎好，再用自行车送她回家。以后就有借口担任起护花使者，从而就多了沟通的机会，用持之以恒的诚心来攻破她的孤傲之心、防备之心。

实施结果：绅士般的施然怎么能用这么卑鄙毒辣的手段呢，可是张迈在旁边万般怂恿：为了爱情，为了美好的将来，这点牺牲算得了什么，另外自行车怎能把人撞出毛病呢。

施然最终还是硬着头皮去了，在汪颖背后的不远处，他犹犹豫豫的还是狠不下心来。正当他心绪不宁的时候，却被旁边一辆疾驰的自行车撞得个四脚朝天，结果自己却被送到了医院。

接二连三的失败使施然感到希望的渺茫，痛定思痛，从此他再也不听张迈任何的馊主意，也就此把与汪颖相识的念头丢到一边，一门心思地埋头苦读起来。而张迈在一旁却笑破了肚皮，面对着这么笨的朋友，他也无计可施。

如血的夕阳慢慢沉入浮躁而繁乱的都市，施然这才想起来时间已不早了，一看墙壁上的钟，早已过了下班的时间，他忙收拾了一下，准备回家。

门外一片冷清，没一个人，也许是周末的原因，公司的员工早已不见了踪影，奇怪的是连最后关门窗、水电的管理员也不见了。

施然很气愤，正要大叫有没有人，忽然听到隔壁的办公室有些响动，他以为有贼，便小心翼翼地寻声找去。

那门是半掩着的，透过门缝，没看到贼，看到的却是一名衣着时尚的女职员正埋头忙着什么。

仔细一看，正是刚毕业才两年、深深受到自己赏识的吴菲。她现在是企划部最年轻却又是最资深的公司栋梁，她在投资策划方面很有一套，使公司在房地产、金融等领域有了极好的发展。

这个女孩对施然也是特别尊重，甚至还有些异乎寻常的好感。在平时的工作中，只要能见到施然，她的行动就会慌乱起来，嗓门立马会软了下来。从那含情的眼眸里流露出的爱慕，除非傻子看不出对施然的暗恋。

即使面对着也是自己非常欣赏的女孩，可作为公司精神支柱的领导，施然不能表现得过于热情，也不能把感情融入工作中，因为全公司的人都在看着他，他不能做错什么。

吴菲的暗恋在公司里传得风言风语，即使面对着施然的冷漠，她全然不顾，依然我行我素。另外，她对待工作方面更是不计回报地努力，每天都很晚才回，包括这个无人的周末。

此时的施然突然有种过意不去的感觉，似乎这次落寞尴尬的面试使他深深领悟出平时那不值得的孤苦。

于是他有种冲动，但他还是静下心来，仔细琢磨了一下，仍做出了两个决定：一是放弃招聘汪颖，另一个是……

他想到这里，鼓起勇气径自走向吴菲的办公室。

"吴小姐，这么晚还没走呀，哪个老板不请这么努力的员工吃饭，那太岂有此理了。"施然靠在门口，满脸微笑的脸上明显露出不自然的表情。

正在隐灭的夕阳此时突然灿烂起来，照在了施然深情的脸上，也照在了吴菲惊讶而幸福的脸上。

你可以不相信一见钟情，但一定要听从内心的召唤。如果你是单身，看到喜欢的人一定主动、及时地追求、表白，不要因为明天而错失机会。用具体的行动表达你的爱，平时的冲动、浪漫你一定要想到就去做。

# 眼前的爱最值得珍惜

爱一个人最重要的也许不是山盟海誓和甜言蜜语，生活中的一些琐事，更能体现他对你的用情，那才是爱的密码。爱情不是轰轰烈烈的誓言，而是平平淡淡的陪伴。

祖父一手好木匠活儿，年轻时曾在扬州待过一段时间。他和普通的木匠不一样，除了做家具，那只手还能雕刻出许多栩栩如生的木偶人。原木翻转、刻刀翻飞之间，俏生生的梁山伯、祝英台便从他手中翩然而现。

那时候的祖父，凭着这个好本领，加之英俊的面容，不知吸引了多少怀春女子的目光。她，也不例外。在一个黄昏时分，趁着斜阳的余晖，远远地看着低头干活的祖父。鬼使神差地，祖父不经意的抬头间，也看见了明眸皓齿的她。她朝祖父盈盈一笑，祖父那颗年轻的心，便犹如花骨朵儿一般，春天一到，"砰"的一声绽放了。那天，祖父送了一个"祝英台"给她。

自此，她便经常有意地经过祖父的店面。而祖父，心里满是沉醉，对这个叫作芳菲的曼妙女子。终于，他们相爱了。

时光是七弦琴上的音符，轻快地流淌，红了樱桃，绿了芭蕉。他们的爱，亦开花，就差结果了。

祖父还未把要娶她的想法告诉曾祖父，曾祖父却先给他带来了一个晴天霹雳——他已帮祖父在家里找了个好姑娘。

祖父把与她的事告诉了曾祖父，但，却遭到曾祖父的坚决反对。原来，家乡的这个女孩，无论是容貌，家世，都要比芳菲强得多。祖父不依，七尺男儿，竟落下泪来。他想以死来威逼曾祖父，跪在地上叫道："我要娶芳菲，要不，我就去死。"曾祖父银须飘飞，怒语相对："你要娶她，我，就去死。"

　　祖父知道，他与芳菲的花，是结不出果了。孝顺的祖父，不敢拂逆曾祖父的意愿，含泪妥协了。

　　从那时起，祖父给芳菲写了一封诀别的信，之后就再也没见过她。曾祖父让他永不去扬州，连家门都不能踏出半步，否则，就不认他这个儿子。

　　祖父依了曾祖父的愿，与家乡的这个女孩成家了。这个女孩，就是我的祖母。

　　祖父恨自己的父亲，对祖母也有一种怨，除了吃饭，大多数的时间，都是一个人躲在屋子里雕刻他的作品。祖母偷偷看过，他的作品是一个女子，女子云髻高梳，眼波流转，顾盼生姿。祖母也是梳着云髻的，但祖父手中的女子，完全没有她的痕迹。

　　祖父去田野中散散步，祖母就挽着他的手，漫步在林间的小道上。祖母缠着他，让他也教她木雕的活儿。

　　祖父说女人手细，干不来。祖母嗔了："我要雕一个梁山伯，陪你一生哩。"他听到"梁山伯"三个字，心，突然一动，转瞬就淡淡地说："你刻不出梁山伯的呀。"殊不知，祖母说的"梁山伯"，就是她自己呀。

　　以后，祖母竟当了真，整日在祖父的身旁，目光随着祖父的手，在木屑纷飞中，四处流动。祖父拗不过她，也不和她多说，自顾自地刻些猫儿、狗儿的小动物。祖母要他雕人，祖父说不会。祖母说："那把我给刻出来吧？"祖父没细想，便答："我更不会雕女人。"刹那间，祖母的心，倏地一酸，泪水便盈盈眼眶间，不再多说。

以后，祖母就穿着出嫁时的小红棉袄，闲暇时，端坐在门前的石块上，手拿刻刀，在木料上雕琢起来。谁也没想到，这一刻，竟刻了几十年。她学得了祖父木刻活儿的精髓，也能刻出个猫儿、狗儿什么的。她将自己的"杰作"拿给祖父看，祖父也为之动容，嘴角上居然有了一丝浅笑。

祖父在田里干活，突然感觉四肢僵硬，跌倒在地上。祖母要背他回来，祖父死活不肯，怕让人瞧见了，搁不下面子。祖母笑骂他大男人主义，硬是将他负在了背上，一路汗水地背到了家中。祖父伸手拭了拭她额际的汗珠，说："瞧把你累的！"祖母笑笑："你要心疼我，就依我的样子，刻一个木雕给我。"祖父一愣，摇了摇头："老了，老了，刻不出来啰。"祖母佯装生气，推了他一下："看把你吓得，谁要舍得让你这把老骨头再折腾。我看呀，你就帮我捶捶背吧。"祖母真的趴在床上，笑呵呵地看着祖父。祖父终于笑了，两只手在她的背上轻轻地擂了起来。祖母叮了一句："你要帮我永远捶背呀。"祖父点了点头。那时的祖母，和祖父一样，都已经上了年纪，腰酸背痛的毛病是常有的。

那次之后，祖父封"手"了，再也不沾木雕的边儿。可祖母在木雕上却愈发精神，技艺是越来越精湛。只不过，她不再像以前那样坐在门前的石头上，而是一个人在自己的房间里，偷偷地刻。

一天，忽然不见了祖母。家人四处寻找，最终，在她的房间里找到了她。祖母跌倒在地上，手里还紧紧攥着一个小木偶。不知道这是什么病，毫无征兆，祖母竟然猝然而逝。临死的时候，她紧紧拉住祖父的手，满脸嫣红，一如当年少女时。祖父哽咽着问她："你有什么话，就说出来；你有什么心事，就告诉我。"

祖母张了张口，欲言又止。好长一会儿，她用尽了全身的力气，抬起手，指向墙角，轻轻地说："你答应过我，要一生一世帮我捶背的哩。"说完，祖母一脸幸福地去了。

祖父颤巍巍地打开墙角的箱子，发现里面很多木偶人，各种姿态的都有，全是祝英台的装扮，面容，却全是祖父的模样。原来，她是担心有一天祖父会先离她而去，她想永远和祖父在一起呀。那一天，祖父大哭出声。

祖父把自己关在屋子里，又操起了刻刀。家人心疼他四肢不便，劝他放手，但，祖父没有理睬。直到半年后，父亲听到屋里有声响，打开房门一看：祖父盘腿坐在满是木屑的床上，正帮一个木偶人捶背呢。嘴里还念叨着祖母的名字："婉儿呀，婉儿，我帮你捶背哩，一生一世。"床上的木偶是梁山伯的打扮，面容，赫然是祖母的模样。祖父一生的木雕作品，从未有超过一个月的。只有"祖母"，历时半年才完成。

从祖母走的那刻起，他终于忘却了以前的女孩。毕竟，往事已矣，眼前的爱，才是最值得珍惜的。

父亲讲完这个故事的时候，我并未感到怎样悲伤。相反，感觉眼前一片桃红柳绿。父亲还告诉我，祖父那次在田间跌倒，被查出的是帕金森症，四肢僵硬，手脚不便。"祖母"刻出后不久，80岁高龄的祖父，眼睛也盲了，也便从此不拿刻刀了。


两个人可以在一起需要运气，但要可以一起生活，则要靠的是努力。柴米油盐是爱情生活的一种必然，两个人在一起总会走到那里，但过不过得去就是全凭本事。爱是一种共识，因此你学着跟他一起走往未来，而不是单纯怪罪给命运。

# 幸福乐章

只有当你得不到的时候，你才很容易认为那得不到的一定是最幸福的事，然而幸福本身却并非与此有关。幸福的选择在于，你对自己的满意程度是多少，而不是别人对你的满意程度是多少。

男人对他的爱情是不太满意的，他固执地认为自己应该有位更出色的恋人。女人不苗条，不艳丽，左颊有一颗巨大的黑痣。

女人在遥远的城市读书，终于要回来啦，男人去车站接她。这一对尴尬的恋人，都已不再年轻。

一路上男人想，是否应该结束他们7年的恋情呢？如果是，该如何向她开口呢？男人打理着一家小公司，他的职业让他面临着太多的诱惑。

等了一天，车来了三班，却不见女人。男人打女人的电话却拨不通；再拨，仍不通。男人急了，去车站办公室问，有人告诉他，由于暴雨，路上出了车祸，一辆公共汽车翻进了路边的深沟，当场死三人，伤二十二人。

男人感觉到脑袋被重重击了一下，身子晃了晃。后来被继续告知，出事班车的始发站正是女人读书的那座城市。这时他的身子晃得更厉害，几乎站立不稳，他似乎听见炸弹在脑子里爆开的声音。

男人搭车去几百公里外的医院寻他的女人。他跑遍了所有的急诊室、病房和走廊，叫着女人的名字。他仔细地观察着每一名头缠纱布的伤者，然而伤者中没有他的女人。他的女人已经不在了，男人这样想着，晕倒了。

男人恍恍惚惚地昏迷着，却真真切切地悲伤着。他突然想到女人的千般好，突然意识到自己对女人深深的爱和依恋。他想为什么自己的女人不是那个被座椅擦伤了皮的女人呢？为什么不是那个被轮胎轧断两条腿的女人呢？为什么不是那个被溢出的汽油烧毁了容貌的女人呢？甚至，为什么不是大夫所说的那个已被撞坏大脑，极可能成为植物人的女人呢？他想，无论哪种情况他都会娶他的。可是，尽管男人在一场灾难面前把标准降得很低，他的女人还是不在了。

突然，他接到女人的电话。听到女人的声音，他颤抖得不能自控。女人告诉他，她所乘坐的车子在一个极偏僻的地方抛锚，换乘的另一辆在绕行时让一条洪水冲垮的断桥截了路，于是不得不换乘第三辆。总之发生很多事，这很多事，让她耽误了一天多的时间。她说，现在她住在一家乡村的旅馆里，运气好的话，明天就可以见到他啦。

女人说了很多，男人默默地听着，泪流满面，如虚脱了一般。他问女人，你的电话怎么打不通呢？女人说，没电了。男人仿佛没有听见，继续问，我拨你电话，却怎么打不通呢？女人说没电了啊。男人仍是问，似在梦语。

男人搭了出租车，亲自去那家乡村的旅馆接他的女人回来。男人没有告诉女人车祸的事。男人看女人那颗巨大的痣，痣也是迷人的。男人有一种大难不死，劫后余生的感觉。

男人与女人结婚了。婚后，男人幸福得要死。他发现，面前的女人虽然并不出色，但毫无疑问是世界上最适合做他的妻子的女人，或许，也包括那颗痣。

几年后的一天，在一个黄昏，在餐桌上，男人喝了些酒，男人告诉女人说，我差一点就失去了你呢。

女人就问为什么。

男人说有一场车祸。其实车祸还没来时，我心里已有了车祸。后来真的车祸来啦，我心里的车祸就没有了。

女人糊涂了，说什么呢，讨厌。

男人眯着眼。男人说，是真的。一场本与我们毫不相关的车祸，却让我降低了爱情和幸福的标准，结果，我收获了更多的幸福和爱情。

女人还是听不懂，男人说你别猜了。然后他轻搂着女人的肩，男人说，我爱你。

在爱的世界里，没有谁对不起谁，只有谁不懂得珍惜谁。人总是珍惜未得到的，而遗忘了所拥有的。走得最急的，都是最美的风景；伤得最深的，也总是那些最真的感情。所以，找到自己最爱的人，坚决不放手，直到地老天荒。

# 生死相依的爱

人类用自己的行动乃至生命，向我们诠释了什么是无私，什么是爱！当铺天盖地的风雪向他们扑来时，是他们用爱撑起了整个世界，是他们将爱的真谛展现给世人。

从小特别喜欢探险运动的林娜之所以选择留学美国，是美国俄勒冈州胡德山对她的诱惑。林娜梦想着自己有一天能够攀登上这座海拔3350多米的雪山之巅。

留学第二年的暑假，是探险者攀登胡德山的最佳季节，林娜和男友雷宁决定利用这个假期去攀登、征服胡德山。雷宁是林娜的校友，两个异国青年能够迅速成为恋人，是因为两个人都对攀登胡德山情有独钟。一个阳光明媚的中午，林娜、雷宁以及另外4名同样渴望征服胡德山的探险者结伴来到胡德山脚下。第二天一早，6名探险者开始攀登胡德山。

6个人的攀登非常顺利，他们在中午之前就成功地到达了胡德山顶峰。短暂的庆祝后，6个人开始下山。当下到2600米左右的时，刚刚还艳阳高照的雪山突然狂风骤起，大雪弥漫。一个小时过去了，6个人只移动了不到200米，照这样的速度下山，即便他们选择的方向正确，下到山脚下至少需要十多个小时。危情让每个人的心都变得更加紧张，这时意外又发生了，雷宁扭伤了右脚。雷宁的无法行走，让所有的探险者都不得不停下脚步，几个人商量着该如何面对这一突发事件。

在生与死的对峙中，大家决定留下雷宁，其他人下山后，找救援者救雷宁。而林娜则说："你们走吧，我留下来陪雷宁。"几个人都愣住了。好一会儿，有人问林娜："你想好了吗？留下来可能只有死亡。"林娜的回答斩钉截铁："我流下来，至少雷宁可以不孤单。"雷宁则对林娜吼叫，甚至怒骂："死一个还不够吗？你必须跟他们一起走……你是一个傻瓜……"所有人的劝说以及雷宁的吼叫似乎都被风雪吸纳进去，林娜挽着雷宁的一只胳膊，用轻柔的声音提醒着雷宁："我们要尽量少说话，要尽量节省体能……"

　　另外4名探险者再次抱着对生的期待踏上了回程，很快就消失在风雪中。而林娜则挽扶着雷宁挪到一处稍稍背风的一点儿的山窝处，彼此依靠着，等待救援。风雪在第二天上午9时左右才停下来，天空重新恢复了明媚。持续的寒冷让林娜和雷宁都昏迷过去。上午10时20分左右，一架搜寻登山者的直升机发现了紧紧依偎在一起的他们，经过紧急抢救，当天夜里，两个人都恢复了意识。又3天后，救助搜寻队在一道深40米的冰裂缝中发现了另外4名探险者的尸体。

　　事后，有记者采访林娜，问她和雷宁是怎样创造生还奇迹的，林娜说道："是爱，是我和雷宁生死相依的爱，帮我们躲过了死劫。"


　　我爱你，不光因为你的样子，还因为，和你在一起时，我的样子。我爱你，不光因为你为我做的事，还因为，为了你，我能做成事。我爱你，因为你能唤出，我最真的那一部分。我爱你，因为你穿越我心灵的旷野如同穿透水晶般容易。

# 它是一只婚姻鸟

奥巴马在一次演讲中说："有一件事我很自豪，竞选中，在长达21个月的选战中，我没有错过一次孩子家长会！"就算成为总统后，他仍然每晚和女儿们一起吃晚餐！其实，爱很简单，爱就是陪伴！

我和先生结婚10周年那天，一位朋友给我寄来一份礼物——一张游戏光盘，名字叫《别让那只鸟飞了》。

游戏打开之后，映入眼帘的是一栋具有皇家风范的豪宅。豪宅里各项生活设施应有尽有。游戏者可以以主人的身份在这里生活。你想打高尔夫，可以去高尔夫球场；你想看书，可以走进书房；想喝咖啡，可以让仆人给你送去；想举行舞会，可以邀请包括麦当娜在内的100位世界级影视明星……总之，在这里，你可以按照自己的意愿想怎样就怎样。

但与现实不同的是，这栋豪宅里有一只鸟在飞，它嘴巴上叼着一只篮子，从客厅飞向卧室，又从卧室飞向书房、飞向餐厅，飞向豪宅的每一个房间。这只鸟有一个特点：不论你是外出旅行，还是在家读书，或是在公司处理商务，你都不能忘记往这只鸟的篮子里放东西。假如你忘了，到了一定的时间，它就会从某个窗口飞出去，一旦出现这种情况，屏幕上就会出现这样一个画面：豪宅倒塌，野草丛生；夕阳下，一个孤独的身影慢慢地消失在黑暗中。

那么，该向那只篮子里面放些什么东西，才不会使鸟儿飞走呢？游戏里有一份菜单，有包括金钱、花朵、微笑、哭泣、亲吻在内的152种日常用品和日常行为。它是游戏公司从全球50万对金婚老人那里征集的，每一件东西，每一个行为都按照这50万对金婚老人票选得票的多少，被赋予了不同的时间价值，有的代表一个月，有的只代表3分钟。至于哪种代表一个月，哪种代表3分钟，得完全由游戏者根据自己对它们的认知来判定。

起初，由于不知该向鸟儿的篮子里放些什么，所以那栋豪宅经常被我弄得从屏幕上消失。有一次，实在是不知该怎样待候它，就随便挑了一个吻放在篮子里。结果出乎意外，它让我在大书房里看了整整一下午的书，有几次它甚至还把篮子放在我的书桌上，然后自己跳到里面打了一个盹。

这到底是怎样的一只鸟儿呢？我送它金钱，它只在家里待3分钟，我送它一枝花朵，它竟可以待上3个小时。后来我终于发现，它是一只婚姻鸟，并且它有许多不起眼的救星。一个轻吻，一个微笑，一个拥抱，一句关切的话语，一份小小的礼物，一段短暂的离别，都可以把它留下。

现在我已能非常熟练地玩这个游戏，它告诉我，一句微不足道的赞许，一杯顺手递去的热茶，一枝10元的玫瑰，这些日常生活中微不足道的东西，具有滋养婚姻的神奇力量。


真正的爱意，不是用金钱而是用心来表达的。一束鲜花，有时比钻石和貂皮能更令人动情。金钱不能换来真正的爱情，爱情是需要用爱情来交换的，不可能用其他物质来交换。腰缠万贯的富豪一掷千金，当然是一种豪气，然而真正能拨动人心弦的，还是烂漫的诗句和花朵，它们代表着心。